ce livre n'est point mal fait, et les figures sans etre belles en sont dessinées avec assez de verité ; j'imagine qu'il y en a une premiere Edition de paris, ne me paroissant pas naturel qu'à ce mr. girard qui dedie son livre au Roy, et qui dit avoir toujours vecu en france n'ait fait imprimer son livre qu'en hollande.

Inventé et gravé par Jacq. De Favanne

P.re JACQ. FRANC. GIRARD ANCIEN OFFICIER DE MARINE.

TRAITÉ DES ARMES,

DÉDIÉ AU ROY,

PAR LE S^R. P. J. F. GIRARD,

Ancien Officier de Marine:

ENSEIGNANT LA MANIERE DE COMBATTRE DE L'EPÉE DE pointe ſeule, toutes les Gardes étrangeres, l'Eſpadon, les Piques, Hallebardes, Bayonnettes au bout du Fuſil, Fleaux briſés & Bâtons à deux bouts: Enſemble à faire de bonne grace les Saluts de l'Eſponton, l'Exercice du Fuſil & celui de la Grénadiere, tels qu'ils ſe pratiquent aujourd'huy dans l'Art Militaire de France.

ORNÉ DE FIGURES EN TAILLE DOUCE.

A LA HAYE,

Chez PIERRE DE HONDT.

MDCCXL.

AU ROY.

IRE,

LE raport inséparable, qui doit être entre l'Art de bien tirer des Armes, & le Militaire, m'a inspiré le dessein de mon Ouvrage, & la liberté de vous l'offrir. Je n'y ai eu en vûë que d'instruire dans l'Exercice des Armes la jeune Noblesse de votre Royaume, destinée à signaler son courage pour le service de VOTRE MAJESTE'.

A qui pouvois-je dédier le fruit de mon travail qu'au plus grand des Monarques, qui est la source de toutes les Vertus heroïques, & à qui seul il appartient de récompenser le merite.

Mais quelques exactitudes & quelques soins que j'aye employé à cet Ouvrage pendant trente-cinq ans que j'ai exercé les Armes, je ne puis me flater du moindre succès, s'il n'est reçû favorablement de VOTRE MAJESTE'.

Daignez, SIRE, m'accorder cette grace: il ne me restera plus qu'à désirer le talent de pouvoir loüer dignement vos qualités augustes, qui font en Vous l'amour de vos Peuples, la confiance de vos Alliés & la terreur de vos Ennemis.

Mais il y auroit de la témerité à un ancien Officier de Marine, qui n'a fait que la profession des Armes, d'entreprendre à retracer tant de Vertus; ne devant borner son zele qu'à former des Vœux sinceres pour la conservation de Votre Sacrée Personne, & à la gloire de se dire avec le respect le plus profond, & l'attachement le plus inviolable,

DE VOSTRE MAJESTE',

SIRE,

Le très-humble, très-obéissant & très-fidele-
Serviteur & Sujet, P. J. F. GIRARD.

MANIERE DE MONTER UNE EPE'E.

LORSQUE vous ferez monter une Epée, ne faites point limer la ſoye de la lame, à moins qu'elle ne ſoit beaucoup trop groſſe pour entrer dans la monture; & ſi elle ſe trouvè d'une groſſeur ordinaire, vous ne la ferez ſeulement qu'ajuſter crainte de l'affoiblir, & vous ferez ouvrir & limer le dedans du corps de la garde, ainſi que le dedans du trou du pommeau, puis aplatir avec un marteau le bois que le Fourbiſſeur ſera obligé de mettre dans les vuides de la monture de ladite Epée, qui doit être montée ferme & droite, avec le petit bout de la ſoye ſortant du pommeau bien rivé, la garde portée juſte ſur l'aſſiette du talon de la lame, laquelle doit baiſſer un peu ſur les doigts de la main; pour cet effet, l'Epée étant montée de la ſorte & le pommeau bien rivé, & enfoncé pluſieurs fois avec la boule de boüis, vous ferez forcer la ſoye dans l'étau pour faire tomber la lame ſur les doigts, autant que vous le jugerez à propos. Cette façon de monter une Epée, donne beaucoup de facilité pour les dégagemens & de liberté pour tirer les coups d'Armes; & ſur toutes choſes il convient à ceux qui portent l'Epée d'avoir une lame bien choiſie & de reſiſtance pour la ſûreté de leur vie.

POUR CONNOISTRE LE FORT ET LE FOIBLE DE LA LAME.

IL n'y a qu'un fort & un foible ſur la lame d'une Epée, tant au-dedans des Armes qu'au dehors, lequel ſert pour le deſſus comme pour le deſſous deſdites Armes; ce fort ſe trouve ſur la quare ou tranchant de la lame, depuis la garde juſqu'au milieu, où le foible commence, & finit à la pointe; de ſorte qu'on ne peut trop s'attacher à connoître parfaitement le fort & le foible de l'Epée, étant d'où dépend l'execution des Armes, ce qui m'oblige de faire de fréquentes répetitions dans ce Livre à ce ſujet.

REGLE QUE L'ON DOIT OBSERVER DANS LES ACADEMIES D'ARMES DE L'EPE'E DE POINTE SEULE.

SÇAVOIR,

NE point jurer le SAINT NOM de DIEU.

2. Ne point dire de paroles, ni de chanſons indécentes.

3. Ne point badiner, attendu que les ſuites en ſont ordinairement fâcheuſes.

4. Ne point railler perſonne ſur le fait des Armes.

5. Ne point tirer l'Epée dans la Salle.

6. Ne point tirer des Armes ſans être gantés.

7. Ne point tirer des Armes l'Epée au côté.

8. Ne point troubler ceux qui tirent des Armes.

9. Ne point traîner le bouton du Fleuret à terre.

10. Ne point tirer des Armes, lorſqu'on ſe ſent pris de vin.

11. Ne point boire ni fumer dans la Salle-d'Armes.

12. Faire politeſſe aux perſonnes preſentables qui viennent dans la Salle, & leur offrir des Fleurets, ſous l'agrément du Maître.

13. Les Fleurets caſſés ſeront pour le compte des Ecoliers qui les auront préſentés aux Etrangers pour faire aſſaut.

14. Les Fleurets qui ſeront caſſés par les Ecoliers d'une même Salle, ſeront payés par celui entre les mains duquel le tronçon ſera reſté.

15. En tirant des Armes, lorſque l'on fait tomber le Fleuret de ſon Adverſaire, il faut le ramaſſer promptement, & lui remettre en main avec politeſſe.

16. Si malheureuſement en tirant des Armes, on ſe frapoit au viſage, celui qui donne le coup doit faire honnêteté à l'autre.

17. Les Ecoliers peuvent venir les jours ouvriers, aux heures de la Salle, s'ils le jugent à propos, n'étant point ouvertes les Fêtes & Dimanches.

18. Il faut que l'Ecolier prenne ſa leçon d'Armes ſans interruption, attendu qu'elle ne dure à peu près que le temps d'une affaire ſérieuſe.

19. L'Ecolier doit payer les Fleurets qui ſe caſſent, lorſqu'il s'exerce contre le Maître, ou contre le Prévôt de Salle.

20. Et enfin, il eſt de l'honneur de l'Ecolier de payer régulierement le prix convenu.

GARDE DE L'EPE'E DE POINTE SEULE,

DANS LAQUELLE IL Y A DOUZE POINTS ESSENTIELS A OBSERVER POUR GARANTIR SA VIE.

SÇAVOIR,

PREMIER POINT.

IL faut présenter la pointe de l'Epée droite, vis à vis la mamelle droite de l'ennemi, & que le demi tranchant regarde la terre.

II.

Que le bout du pommeau de l'Epée regarde entre le teton droit & l'aisselle, & tombe directement au-dessus du bout du pied droit.

III.

Que la poignée soit serrée près du pommeau avec le petit doigt, & le second doigt, & que le milieu du poulce soit apuyé à plat sur ladite poignée de l'Epée près de la sous-garde; laquelle poignée étant soutenuë du dedans de la jointure du premier doigt, on aura la facilité de dégager & de tirer.

IV.

Avoir le bras droit, & le poignet flexible & tourné demi quarte, de sorte que le demi tranchant de la lame regarde la terre, comme il eſt dit, & que le bout des ongles des trois derniers doigts de la main droite regarde le Ciel, & la plus grande partie de l'ongle du poulce, ainſi que le bout du premier doigt.

V.

Que le bras gauche ſoit élevé & plié en demi cercle, le coude en dehors avec la main élevée à la hauteur de l'œil gauche, le poulce regardant la terre, & le creux de la main en dehors.

VI.

Avoir la tête droite retirée plus en arriere qu'en devant, & tournée du côté de l'épaule droite, pour regarder en face l'ennemi.

VII.

Que les deux épaules ſoient bien effacées, & le corps porté entierement ſur la partie gauche.

VIII.

Que la hanche droite ſoit bien cavée du côté de la partie gauche, ſans néanmoins tendre le derriere, ni avancer le corps en avant.

IX.

Avoir le genou droit flexible, & un peu plié.

X.

Que le bout du pied droit ſoit en ligne droite, vis à vis l'ennemi, & que le talon regarde

7.
Figure de deux hommes dans la Garde Expliquée.
1re planche.

l'œil du ſoulier en dedans du pied gauche, qui doit être en ligne traverſante au pied droit, & écarté l'un de l'autre de la longeur d'environ deux ſemelles.

X I.

Que le genou gauche ſoit plus en dehors qu'en dedans, avec le jarret gauche bien plié.

X I I.

Enfin le pied gauche à plat & ferme ſur la terre, préſentant le dedans du pied au talon droit.

Voyez la Figure de deux hommes dans cette Garde.

DIFFERENTES GARDES
QUI SONT EN USAGE EN EUROPE.
SÇAVOIR;

ARTICLE PREMIER.

A Garde ayant la pointe de l'Epée haute, & le poignet bas.

II.

La Garde ayant le poignet aussi haut que la pointe de l'Epée, avec la hanche cavée, & le bras flexible.

III.

La Garde ayant le poignet haut, & la pointe plus basse, vis à vis le bas ventre.

IV.

La Garde tenant l'Epée à deux mains à la hauteur de la ceinture, & la pointe haute.

V.

La Garde ayant le poignet haut avec la pointe tout à fait basse, près de la terre, la hanche cavée & le bras tendu.

VI.

La Garde ayant la hanche cavée, les bras étendus au-devant du corps, tenant la lame de l'Epée devant eux en ligne traversante, & soutenuë par la pointe de la main gauche.

VII.

La Garde ayant le poignet bas à côté de la cuisse, tenant leur Epée droite, la pointe en avant, ne parant que de la main gauche, en abaissant & tirant de suite.

VIII.

La Garde de l'Epée au Poignard, le bras droit tendu, le poignet gauche à la hauteur de la ceinture, parant les coups en relevant avec le Poignard, une canne ou la main.

IX.

La Garde Italienne, ayant les deux jarrets pliés, le corps porté directement au milieu de leurs deux jambes & le bras racourci, présentant la pointe au ventre.

X.

La Garde Allemande, ayant la main tournée de prime & élevée au-dessus de la tête, présentant la pointe à la hauteur des genoux, & parant de la main gauche.

XI.

La Garde Espagnole, étant droits sur leurs deux jambes, l'Epée droite devant eux, présentant la pointe à la tête, & ne parant qu'en retirant la jambe droite à côté de la gauche, pour esquiver le corps, en tirant dans le même-temps aux yeux, ou les coups d'estramaçon sur la tête.

XII.

La Garde ayant le poignet haut & tourné demi-quarte, avec la tierce toute effacée.

Voyez pour combatre lesdites Gardes, page 45. *& suivantes.*

Et enfin, généralement tous les Jeux & Gardes d'Espadon differents.

Voyez page 93. & suivantes.

MANIERE
DE FAIRE LE SALUT D'ARMES DE BONNE GRACE,
AINSI QU'IL SE DOIT FAIRE DANS LES SALLES, LORSQUE L'ON FAIT ASSAUT.

Ans ce Salut il y a six Attitudes differentes.

PREMIEREMENT.

Etant bien dans la Garde cy-devant expliquée, présentant la pointe de l'Epée vis à vis votre Adversaire, il faut fraper du pied droit, le corps porté sur la partie gauche, se soutenant dessus, en élevant le bras gauche, & portant la main au chapeau pour l'ôter.

Voyez cette premiere Attitude.

II.

En tant le chapeau de dessus votre tête, il faut étendre le bras gauche tenant le chapeau ſoutenu à la hauteur de l'Epaule, paſſant dans le même-temps le pied droit derriere le pied gauche de la longueur d'une ſemelle, les jarrets bien tendus, le corps & la tête droits, en baiſſant la pointe de l'Epée, les bras tendus, le poignet droit élevé à la hauteur de la bouche, & tourné de quarte.

Voyez cette ſeconde Attitude.

III.

Ayant paſſé le pied gauche derriere le pied droit, les deux jambes tenduës, le corps, la tête & les bras bien ſoutenus, dans le même-temps que vous vous êtes remis en Garde l'Epée devant vous, vous remettez votre chapeau ſur la tête en frapant du pied droit.

Voyez l'Attitude troiſiéme.

IV.

Pour regagner votre premier terrain, vous paſſez le pied gauche devant le pied droit, dans la même Attitude que cy-devant, en élevant le poignet de quarte, & baiſſant la pointe.

Voyez l'Attitude quatriéme.

V.

Enſuite vous repaſſez le pied droit devant le pied gauche, pareillement dans la même Attitude qu'il eſt dit, toûjours le poignet élevé de quarte, & la pointe de l'Epée plus baſſe.

Voyez l'Attitude cinquiéme.

VI.

Ayant regagné votre premier terrain, & vous êtes remis en Garde, vous aurez soin d'être hors de mesure, & de tenir bien la pointe de l'Epée devant l'ennemi, en observant ses mouvemens pour l'empêcher qu'il ne vous surprenne, puis vous frapez du pied droit pour luy faire des apels, afin de le faire partir ; c'est à dire, de l'obliger à tirer le premier.

Voyez l'Attitude sixiéme.

VOYEZ LES SIX ATTITUDES DU SALUT D'ARMES CY-DESSUS EXPLIQUE'ES.

12.
Les deux premieres attitudes du salut d'armes.
2e. planche.
1re attitude.
2e attitude.

Les deux secondes attitudes du salut d'armes.

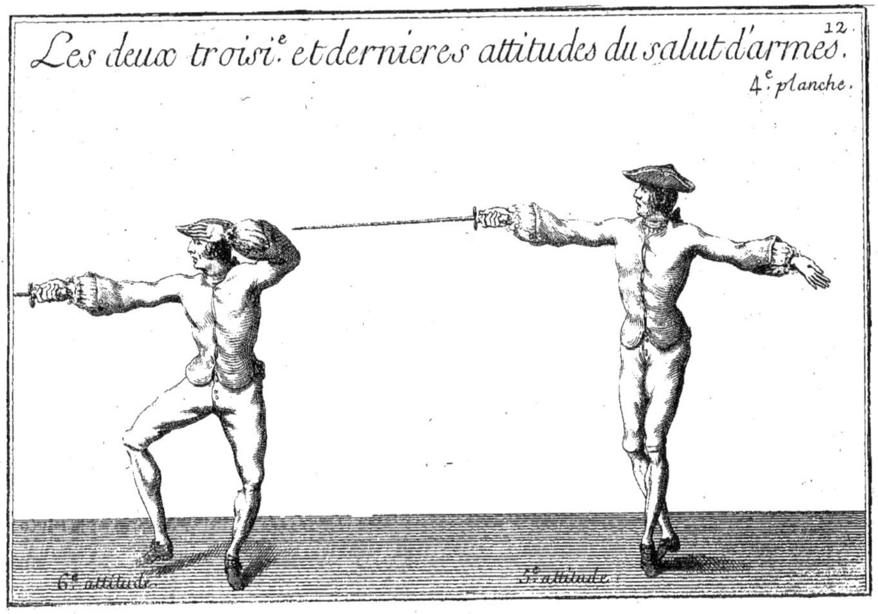
12.
Les deux troisi.e et dernieres attitudes du salut d'armes.
4.e planche.
6.e attitude.
5.e attitude.

MA Méthode de tirer des Armes de l'Epée de pointe ſeule, a trois Parties que j'expliquerai le plus clairement qu'il me ſera poſſible, avec les parades de tous les coups qui y ſont contenus, & la maniere de combatre les Gardes Etrangeres, les Fleaux, Bâtons à deux bouts, Piques, Halebardes & l'Eſpadon, enſuite l'execution du tout, ainſi que les Saluts de l'Eſponton, la maniere de commander l'Exercice du Fuſil, & celui de la Grenadiere, tels qu'ils ſe pratiquent aujourd'hui dans l'Art Militaire de France.

SÇAVOIR,

PREMIERE PARTIE.

Contre ceux qui demeurent toûjours de pied ferme.

SECONDE PARTIE.

Contre ceux qui courent toûjours en avant.

TROISIE'ME PARTIE.

Contre ceux qui reculent toûjours en arriere.

LES PARADES.

La maniere de combattre les Gardes Etrangeres.

LES SALUTS DE L'ESPONTON.

Et la maniere de commander les Exercices du Fuſil, tels qu'ils ſe pratiquent aujourd'hui dans l'Art Militaire de France.

PREMIERE PARTIE DES ARMES DE L'EPE'E DE POINTE SEULE, CONTRE CEUX QUI DEMEURENT TOUJOURS DE PIED FERME.

PREMIEREMENT.

LE COUP DE QUARTE HAUTE TIRE' DROIT AU-DEDANS DES ARMES.

ETANT bien dans la Garde qu'il est dit & en mesure, l'Epée engagée de quarte dans les Armes, je fais partir la main la premiere en levant le poignet, les oncles tournés dessus, regardant le Ciel, ainsi que le dedans de la main gauche; les bras étendus en croix, le corps panché du côté droit, & soutenu au-dessus du genou droit; les épaules

Coup de quarte haute, au dedans des armes.

Pour la parade de ce coup Voyés page 33. et pages suivantes.

effacées, la tête panchée du côté de l'Epaule droite pour regarder le coup à l'opofite de l'Epée, de forte que le pommeau regarde l'œil gauche, le bout du pied droit vis à vis l'ennemi, que le genou tombe perpendiculairement au-deffus du milieu du pied avec le pied gauche à plat & ferme fur la terre, la jambe & la cuiffe gauche élevées. Le coup achevé & tiré dans l'Attitude qu'il eft dit, fe retirer bien en Garde l'Epée devant foy, fans laiffer baiffer le poignet.

Voyez pour les differentes Parades de ce Coup au Chapitre des Parades, page 33. & pages fuivantes.

VOIEZ L'ATTITUDE DU COUP DE QUARTE DROITE AU DEDANS DES ARMES.

COUP DE TIERCE HAUTE
TIRE' DROIT
AU DEHORS DES ARMES.

ETANT bien en Garde & en mesure, l'Epée engagée de tierce dehors les Armes, les ongles regardant la terre, je fais partir la main la premiere, les bras étendus en forme de croix, la main gauche également tournée de tierce, le genou gauche bien étendu, le pied à plat, & ferme & sur la terre, le genou droit plié; de sorte qu'il soit vis à vis le milieu du pied droit & dans la ligne de l'ennemi, le corps soutenu, le côté droit panché au-dessus du genou droit, les deux épaules effacées, & la tête le long du bras à l'oposite de l'Epée, pour se garantir le visage. Le coup achevé dans cette Attitude se retirer en Garde, l'Epée devant soy, sans laisser baisser le poignet.

Voyez pour la Parade de ce Coup au Chapitre des Parades, page 33. & suivantes.

VOYEZ L'ATTITUDE DU COUP DE TIERCE TIRE' DROIT.

Coup de tierce haute, au dehors des armes.

Voyez la parade de ce Coup page 34 et pages suivantes.

17. Feinte de tierce, pour tirer quarte au dedans des armes.
7.e planche.
Voyés le coup porté de cette feinte, page 18.e

FEINTE DE TIERCE POUR TIRER DE QUARTE.

CETTE FEINTE SE FAIT DE TROIS MANIERES.

LA PREMIERE,

L'Epée étant engagée de quarte au dedans des Armes, je fais faire un apel du pied ſans avancer le corps, & la main comme elle ſe trouve en Garde; ſi l'ennemi ne va point à la parade, je fais tirer ſans dégager le coup droit de quarte, du fort au foible, le poignet élevé: s'il va à la parade, je fais faire la feinte de tierce dehors les Armes, la main à la hauteur de l'épaule, & la pointe à côté de ſa Garde, avec un apel du pied comme pour achever le coup; & lorſqu'il va à la parade de tierce chercher la lame, je luy fais tirer ſubtilement le coup de quarte au dedans des Armes, la main tournée les ongles en deſſus dans le principe, puis ſe retirer en Garde l'Epée devant ſoy.

Voyez pour la Parade de ce coup au Chapitre des Parades, page 33.

VOYEZ LES FIGURES DE CE COUP.

C

DEUXIE'ME FEINTE DE TIERCE
POUR TIRER DE QUARTE.

CEtte feinte se fait en marchant comme de pied ferme avec un apel ou sans apel, en levant le pied droit à ras de terre, & l'avançant de la longueur d'une semelle, faisant suivre le pied gauche, le corps en arriere & soutenu sur la partie gauche, la tête droite; la feinte faite dans le principe, lorsqu'il va à la parade, luy tirer le coup de quarte comme il est dit, la main la premiere, & se retirer en Garde, l'Epée devant soy sans baisser le poignet.

TROISIE'ME FEINTE DE TIERCE
POUR TIRER DE QUARTE.

CEtte feinte se fait encore après un apel du pied, l'Epée étant engagée de quarte, & en mesure, sans tourner la main de tierce à la feinte; c'est à dire, la faire comme la main se trouve en Garde, & qu'elle parte subtilement dans le même-temps que le pied droit, pour tirer le coup de quarte; ce qui se nomme feinte volante, à cause que le pied & la main partent ensemble. Le coup achevé se retirer en Garde, la main soutenuë.

Voyez pour la Parade au Chapitre des Parades, page 33. & suivantes.

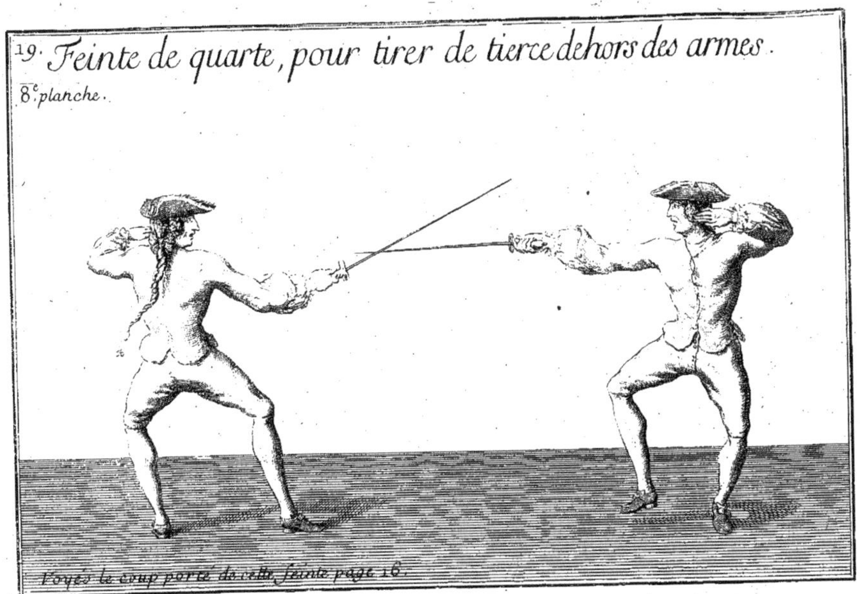

19. Feinte de quarte, pour tirer de tierce dehors des armes.

8e. planche.

Voyés le coup porté de cette feinte page 16.

FEINTE DE QUARTE POUR TIRER DE TIERCE AU DEHORS DES ARMES, SE FAIT DE TROIS MANIERES, AVEC DES APPELS OU SANS APPELS.

LA premiere feinte de quarte pour tirer tierce, l'Epée étant engagée de tierce, & en mesure, je fais faire un apel de pied ferme au long de la lame; & si l'ennemi ne va point à la parade, tirer le coup de tierce droit du fort au foible; & s'il vient chercher l'Epée de tierce, je fais faire la feinte de quarte, la pointe à côté de la Garde avec un apel du pied, le corps & la tête en arriere, soutenuë sur la partie gauche, ayant le poignet élevé à la hauteur de l'épaule & tourné les ongles en dessus; & dans le même-temps qu'il se découvre pour aller à la parade de la feinte de quarte, je luy fais subtilement tirer le coup de tierce au dehors les Armes, la main la premiere dans le principe, puis se retirer en Garde l'Epée devant soy.

Voyez au Chapitre des Parades, page 33.

VOYEZ LES FIGURES DE LA FEINTE DE QUARTE.

DEUXIE'ME FEINTE DE QUARTE
POUR TIRER DE TIERCE.

CEtte feinte se fait en marchant comme de pied ferme, en levant le pied droit à ras de terre, & l'avancer de la longueur d'une semelle, en faisant suivre le pied gauche, puis étant en mesure, je fais faire la feinte de quarte dans le principe qu'il est dit, & tirer le coup de tierce au dehors des Armes, la main la premiere, puis se retirer en Garde l'Epée devant soy, & faire retraite.

TROISIE'ME FEINTE DE QUARTE
POUR TIRER DE TIERCE.

JE fais faire aussi cette feinte comme la main se trouve en Garde, & tirer le coup de tierce dehors des Armes, ou la main tournée de quarte bien soutenuë, pourvû que le pied & la main partent ensemble à cette feinte; ce qui se nomme feinte volante. Le coup achevé se retirer en Garde

Voyez au Chapitre des Parades, page 33.

21.
Coup de quarte coupé, ou quarte Basse.
9e. planche.
Voyés les parades de ce coup page 33. et pages suivantes.

COUP DE QUARTE COUPE' DESSOUS LES ARMES SE FAIT DE QUARTRE MANIERES.

LE PREMIER COUP DE QUARTE COUPE'.

L'Epée étant engagée de tierce, je la fais dégager de quarte haute au dedans des Armes, levant la main en frapant du pied droit, comme pour achever le coup de quarte sur la poitrine, & lorsque l'ennemi touche l'Epée & leve la main pour aller à la parade, je fais dans le même-temps quitter sa lame, en baissant la pointe & la passant subtilement sous la ligne du bras, tirant le coup de quarte coupé sur le flanc droit, la main soutenuë & tournée les ongles en dessus, la tête le long du bras, le jarret gauche tendu, le pied droit en dehors de la ligne de l'ennemi, les épaules effacées & le corps panché en ligne droite au-dessus du genou droit. Le coup achévé relever la pointe & joindre l'épée de tierce, avant de relever le corps.

Voyez pour la Parade au Chapitre des Parades, page 33. & suivantes.

Voïez la Figure du Coup de Quarte coupé.

DEUXIE'ME COUP DE QUARTE COUPE'.

L'Epée engagée de quarte au-dedans des Armes, je fais faire un appel du pied droit en marchant, ou de pied ferme, en levant la main ſans dégager ni ſans quitter la lame, & lorſque l'ennemi fait un mouvement pour aller à la parade, & qu'il force un peu l'Epée, je lui fais tirer la quarte coupée ſous la ligne du bras, comme il eſt dit, & revenir à l'Epée de tierce le poignet ſoutenu.

TROISIE'ME COUP DE QUARTE COUPE'

DESSOUS LES ARMES.

JE fais ce coup après avoir tiré de quarte haute au-dedans des Armes; l'ennemi l'ayant paré, en avançant le poignet devant le corps, ſe retirant en Garde, je quitte ſa lame, & lui tire ſubtilement la quarte coupée ſous la ligne du bras, le poignet ſoutenu comme il eſt dit.

ET QUATRIE'ME.

L'Ennemi venant à dégager de tierce en quarte, je fais également que deſſus tirer la quarte coupée dans le principe ſous la ligne du bras.

Voïez pour la parade au Chapitre des Parades, page 33.

23. *Feinte a la teste, pour tirer de Seconde dessous les armes.*

10.e planche.

Voyés le coup de cette feinte planche suivante, et les parades page. 33. et suivantes.

23. Coup de Seconde dessous les armes, ou tierce basse.
11e. planche.
Voyés la parade de ce Coup page 38 et pages suivantes.

LA FEINTE A LA TESTE
POUR TIRER DE SECONDE DESSOUS LES ARMES,
SE FAIT DE QUATRE MANIERES.

PREMIERE FEINTE A LA TESTE.

L'Epée étant engagée de quarte, je fais dégager de pied ferme au-dehors des Armes, & couler le long de la lame, la pointe vis à vis l'œil droit de l'ennemi, levant la main comme elle se trouve de tierce, le bras tendu en frapant du pied droit, comme pour achever le coup droit de tierce ; & lorsqu'il leve la main pour parer, je fais élever le poignet & faire le tour du bras à la pointe de l'Epée, & tirer subtilement le coup de seconde dessous les Armes, en faisant le plongeon, le corps baissé en ligne droite au-dessus du genou droit, & la tête dessous le bras ; puis revenir en Garde relevant la pointe de tierce dehors des Armes.

Voïez la Figure.

DEUXIE'ME FEINTE A LA TESTE.

L'Epée étant engagée de tierce en dehors des Armes, je fais lever la main en frapant du pied droit sans dégager ni quitter la lame, comme pour achever le coup de tierce droite; & lorsque l'ennemi va à la parade, & qu'il leve la main, je fais baisser la pointe de a même façon qu'il est dit, & tirer le coup de seconde sous la ligne du bras, puis redoubler quarte dessus les Armes, & se retirer en Garde l'Epée devant soy sans baisser le poignet.

TROISIE'ME FEINTE A LA TESTE.

L'Epée étant engagée de quarte, je la fais dégager & croiser en ligne traversante sous celle de l'ennemi, la frapant d'un coup ferme sous le foible avec le fort du tranchant élevant sa lame en avançant sur lui; & dans le même-temps qu'elle leve, je fais tirer brusquement le coup de seconde sous les Armes, comme il est dit.

QUATRIE'ME FEINTE A LA TESTE.

Etant hors de mesure, je fais avancer sur l'ennemi l'Epée bien devant soy, en dégageant de tierce en quarte, faisant un apel du pied au dedans des Armes; & lorsqu'il vient à la parade de quarte, je fais passer dans le même-temps l'Epée en ligne traversante par dessous sa lame, & la fraper brusquement en avançant d'un coup ferme avec le fort du tranchant sous le foible; & lorsqu'elle leve, tirer de seconde à fond sous la ligne du bras, le poignet haut, la tête sous le bras & le corps baissé au-dessus du genou droit. *Pour la parade du coup p. 33.*

25.
Coup de flanconnade sur le flanc.
12.e planche.
Voyés la pararade de ce coup a la planche suivante, et page 33. &c

25. Flanconnade paré, en tournant la main de tierce et le coup risposté au dedans des armes.

13e. planche.

LE COUP DE FLANCONNADE, SE TIRE DE TROIS MANIERES.

PREMIER COUP DE FLANCONNADE.

'Ennemi se mettant en Garde le poignet avancé en devant le corps, & que l'Epée est engagée en dehors des Armes, je la fais dégager de quarte, levant la main haute les ongles en dessus, le bras tendu, gagnant le foible de son Epée, en coulant dessus, & passant la pointe derriere son poignet; & dans le même-temps, je lui fais tirer le coup de flanconnade sur le flanc droit, le bras & le jarret bien étendus, le poignet haut tourné de quarte & courbé, le corps soutenu avec la main gauche opposée à son Epée, crainte d'être frapé de même-temps; en cas que l'ennemi vînt à tourner la main de tierce. Le coup achevé se retirer en Garde, ou redoubler le même coup.

Voïez pour la parade de ce coup & pour l'opposition de main, au Chapitre des Parades, page 33. & suivantes.

Voïez la Figure de la flanconnade portée, & du coup paré.

DEUXIE'ME COUP DE FLANCONNADE.

L'Epée étant engagée de quarte, & l'ennemi avançant le poignet en devant le corps, je fais lever la main tournée de quarte, & tirer le coup de flanconnade à fond du fort au foible derriere le poignet, en opposant la main gauche, comme il est dit, & redoubler le coup sans quitter l'Epée, puis se retirer en Garde l'Epée devant soy.

TROISIE'ME COUP DE FLANCONNADE.

L'Ennemi tirant quarte au dedans des Armes, baissant le poignet ou l'écartant au devant du corps, je fais parer avec le fort du tranchant de l'Epée, le foible de sa lame & couler en même-temps dessus, levant le poignet en passant la pointe & tirant à fond le coup de flanconnade, comme il est dit, opposant la main gauche, puis se retirer en Garde.

Voïez pour les parades & oppositions de la main gauche, au Chapitre des Parades, page 33.

OBSERVATION
SUR TOUS LES COUPS D'ARMES.

IL faut aller généralement à tous les mouvemens que l'ennemi peut vous faire ſans en négliger aucuns, pour n'être point ſurpris; c'eſt à dire, de revenir toûjours à l'Epée, ſoit qu'il vous tire ou que vous lui tiriez, & avoir l'Epée bien devant ſoy. Il eſt bon auſſi de ſçavoir que tous les coups d'Armes peuvent ſe faire en avançant ſur l'ennemi, comme de pied ferme, & même en rompant la meſure, ſoit avec des apels du pied droit ou ſans apels, en obſervant les principes contenus en ce Livre.

Pour revenir à l'opoſition de main que je fais faire à nombre de coups d'Armes expliquez dans ce Livre, & même à la flanconnade, il y a des perſonnes qui prétendent que cela fait preſenter l'épaule gauche; conſéquemment que cette oppoſition de la main gauche, eſt perilleuſe & riſquable pour ceux qui s'en ſervent; je leur ſoutiens hardiment qu'elle eſt très-utile pour ſe garantir, en cas que l'ennemi vînt à tourner la main de quarte en tierce, & de tierce en quarte ſur un même coup; c'eſt à dire, en ligne angulaire ou tranſverſalle.

POUR GAGNER LA MESURE
ET AVANCER SUR L'ENNEMI.
IL Y A QUATRE MANIERES DIFFERENTES.

PREMIEREMENT.

ETant en Garde hors de mesure de l'ennemi, l'Epée devant soy, le corps ferme & en arriere, je fais avancer le pied droit en glissant de la longueur d'une demi-semelle sans remuer le pied gauche qui reste à la même place, ferme & à plat sur la terre. Cette maniere est pour tirer de vitesse le long de la lame, lorsque l'ennemi avance, il faut que la main parte la premiere & que le coup soit bien soutenu.

II.

Etant en garde l'Epée devant soy & hors de mesure, je fais lever le pied droit à ras de terre, & l'avancer en droite ligne de la longueur d'une semelle, faisant suivre le pied gauche à proportion, le corps ferme & retiré en arriere, la hanche droite cavée, & les épaules effacées pour être en état de parer & de tirer.

III.

Etant en Garde & éloigné de l'ennemi, je fais passer le pied gauche devant le pied droit

29.
Maniere d'entrer en mesure sur l'ennemi.
14e planche.
Voyés l'explication.
3e
4e

de la longueur d'une ſemelle, les bras étendus, l'Epée devant ſoy; il faut que le poignet droit ſoit à la hauteur de la bouche & tourné de quarte, les ongles en deſſus, la pointe plus baſſe, le corps ferme; & repaſſer dans le même-temps le pied droit devant le pied gauche, de la longueur de deux bonnes ſemelles ſur la ligne droite, vis à vis l'ennemi; puis ayant rejoint l'Epée dans la Garde ordinaire, l'attaquer vigoureuſement.

Voyez la Planche, folio 12. *qui eſt relative à cette marche pour rentrer en meſure au Salut d'Armes. Voyez la Figure* 3.

IV.

Etant en Garde hors de meſure, je fais avancer en gliſſant le pied gauche de la longueur d'environ une ſemelle, ſans remuer le pied droit qui reſte ſtable, toûjours le corps bien en arriere, & l'Epée devant ſoy, afin que l'ennemi ne s'aperçoive pas de la meſure qu'on a ſur lui; & dans le même-temps qu'il fait un mouvement pour avancer ou pour reculer lui tirer vigoureuſement le long de la lame le coup ſoutenu.

Voyez la Figure 4.

Voyez les Figures de la maniere d'entrer en meſure, pages 3. & 4.

POUR ROMPRE LA MESURE

ET S'ELOIGNER DE L'ENNEMI.

IL Y A QUATRE MANIERES DIFFERENTES.

LA PREMIERE.

ETant en Garde & obligé de rompre la meſure, je fais retirer le corps en arriere, la main droite la derniere, l'Epée devant ſoy, & gliſſer le pied droit en l'aprochant du pied gauche, ſans remuer ce dernier pied, reſtant toûjours ferme à terre, la hanche cavée & les genoux pliés, afin que l'ennemi venant à tirer, d'être en état de parer en lâchant le pied gauche en arriere, ou de tirer s'il faiſoit un mouvement pour reculer, ayant la longueur de plus d'une ſemelle de meſure ſur lui, à ſon inſçû, ce qui eſt le moyen de le ſurprendre.

LA DEUXIE'ME.

Quand l'ennemi court en avant & qu'il eſt trop près pour lui tirer, je fais reſter le pied droit ferme, & gliſſer bruſquement le pied gauche en arriere de la longueur d'un bon pied, en tirant le long de la lame le coup bien ſoutenu.

31. *Maniere de rompre la mesure et de s'eloigner de l'ennemi.*

15e planche.

LA TROISIE'ME.

Si l'ennemi avance avec trop d'impetuosité, je fais reculer le pied gauche de la longueur d'une semelle & suivre le pied droit en traînant, la main la derniere, l'Epée devant soy, le corps ferme & porté sur la partie gauche avec la hanche droite cavée, & les épaules effacées.

Voyez la Figure 3.

ET LA QUATRIE'ME.

Après avoir tiré à l'ennemi, s'il vous poursuit, après avoir paré je fais faire retraite la main la derniere; c'est à dire, le corps partant le premier en arriere en passant le pied droit derriere le gauche, les bras & les jambes tendus, l'Epée devant soy, le poignet haut, & baissant la pointe, comme il est dit, les ongles en dessus, avec les épaules effacées; puis ayant repassé le pied gauche derriere le droit dans la même Attitude, se remettre dans sa Garde ordinaire.

Voyez au Salut d'Armes, folio 12.

Voyez les Figures des manieres de reculer 3. & 4.

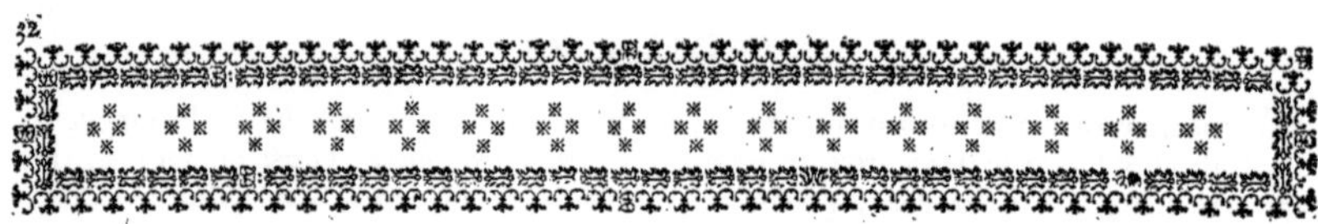

POUR GAGNER LE TERRAIN DE L'ENNEMI, ET EVITER LE SOLEIL DEVANT LES YEUX DANS UNE AFFAIRE SERIEUSE.

AYant le Soleil devant les yeux lors d'une affaire sérieuse, on court risque d'y succomber si on ne sçait la maniere de tourner au tour de son ennemi, pour gagner le terrain avantageux. Voici pour y réüssir : Je fais d'abord faire retraite, passant le pied droit derriere le gauche, puis le gauche derriere le droit, l'Epée devant soy, ensuite faire un grand pas avec le même pied gauche à côté du droit, en tournant le corps à gauche, toûjours la main soutenuë présentant la pointe à l'ennemi, & s'arrêtant de temps en temps pour parer lorsqu'il tirera, pour être en état de lui riposter suivant les occasions ; en continuant la même chose vous tournerez autour de lui & gagnerez le terrain avantageux, & vous éviterez le Soleil.

Voyez la Figure de la marche pour éviter le Soleil.

Pour gagner le terrain de l'ennemi, et eviter le soleil dans les yeux.
32
16.e planche.

33. Parade du coup de quarte, au dedans des armes.

17. planche.

Voyés le coup de quarte donné page 16.

CHAPITRE DES SIX PARADES, DES OPPOSITIONS DE LA MAIN GAUCHE,

Des contredégagemens de tierce & de quarte, avec le contre du contredégagement.
Toutes les parades se font de pied ferme en avançant ou en reculant.

PREMIEREMENT, PARADE DE QUARTE HAUTE.

AVEC cette Parade on pare, en baissant le poignet, la quarte coupée & la seconde; & en haussant le poignet, on pare la flanconnade, ainsi que les coupemens sur pointe.

POur parer la quarte au dedans des Armes, je fais parer étant bien en Garde, retirant un peu le bras à soy sans écarter le poignet, & fraper d'un coup ferme & court, le foible de l'Epée avec le fort du tranchant de la lame, la soutenant bien depuis la pointe jusqu'à la garde, la main tournée les ongles en dessus, en jettant le coup dehors, baissant modérement la main, tenant l'Epée sans la quitter, & dans le moment qu'il a le pied levé pour se retirer en Garde, riposter quarte droite dedans les Armes ou quarte coupée sous la ligne du bras, puis se retirer en Garde l'Epée devant soy. *Voyez la Figure.*

PARADE DE TIERCE HAUTE.

AVEC cette parade on pare la quarte deſſus les Armes, & le coup de flanconnade tournant la main tierce élevée : lorſqu'on vous tire ladite flanconnade, il faut oppoſer la main gauche ; elle pare auſſi les coupés ſur pointe.

POUR parer la tierce au dehors des Armes, étant bien en Garde, je fais tourner la main au dehors des Armes, retirant le bras à ſoy, les ongles en deſſous & fraper d'un coup ferme & court le foible de l'Epée avec le fort du tranchant de la lame, la ſoutenant ferme depuis la pointe juſqu'à la garde, baiſſant un peu la main pour jetter le coup dehors ſans quitter l'Epée; & lorſqu'il a le pied levé pour ſe retirer en Garde, ripoſter de tierce droite ou de ſeconde ſous la ligne du bras, la main la premiere, dans le même-temps que l'ennemi ſe retire, puis faire retraite l'Epée devant ſoy.

Voyez la Figure de la parade de tierce.

Parade du coup de tierce au dehors des armes.
18e. planche.
Voyés le coup de tierce donné page 16.

35.

Parade du Cercle les ongles endessus.

19e. planche.

Voyés la riposte apres cette parade du cercle planche suivante.

35.
Riposte de quarte apres avoir paré du cercle en oposant la main.
20e. planche.

PARADE DU CERCLE,

LA main tournée de quarte, les ongles en dessus, le poignet haut & la pointe basse. Avec cette parade on pare la quarte haute, la quarte coupée, la seconde, & la flanconnade.

POUR parer lesdits coups, je fais lever le poignet à la hauteur de la bouche & tourné de quarte les ongles en dessus, le bras droit tendu, la pointe de l'Epée basse parant du cercle, en frapant d'un coup ferme sur le foible de sa lame avec le fort du tranchant pour jetter le coup au dehors des Armes, en opposant la main gauche à son Epée, crainte qu'elle ne vous offense : Et le coup paré, lorsqu'il a le pied levé pour se retirer en Garde, lui riposter de quarte droite dans les Armes; ayant toûjours la main gauche opposée à sa lame, & sans la quitter redoubler la main bien soutenuë, puis se retirer dans la Garde ordinaire.

Voyez pour l'opposition de la main gauche, page 39.

Voïez la Figure de la parade du cercle les ongles en dessus.

PARADE DU CERCLE,

LA main tournée tierce, les ongles en dessous, le poignet haut & la pointe de l'Epée basse. Avec cette parade on pare tous les coups de dessous les Armes; c'est à dire, seconde, quarte coupée & flanconnade. Toutes les parades en général se font de pied ferme, en avançant ou en reculant.

POUR parer lesdits coups, je fais lever le poignet à la hauteur de l'épaule, les ongles en dessous tourné tierce, & fraper ferme avec le fort du tranchant de l'Epée sur le foible de la lame ennemie, en baissant la pointe, & jettant le coup dehors des Armes; lequel étant paré du cercle sans quitter sa lame, riposter droit dessous les Armes, le poignet cavé & tourné tierce; ensuite faire le tour du bras & redoubler à fond la quarte dessus les Armes, puis faire retraite dans le principe.

Voïez la Figure de cette parade du cercle.

Parade du Cercle, les ongles en dessous.

Voyés les coups portés dessous les armes, pages 21. 23. &c.

37. Parade de prime, avec l'opposition de la main gauche.

22e. planche.

Voyés la riposte de prime, après cette parade.

37. Riposte de prime apres avoir paré en opposant la main gauche.

23e planche.

PARADE DE PRIME,

LA main haute tournée les ongles en deſſous. On pare avec cette parade les cinq coups des Armes; ſçavoir, la quarte haute, quarte coupée, tierce, ſeconde & flanconnade, la main gauche oppoſée à l'Epée ennemie, parant ferme en avançant.

POUR parer de prime, je fais baiſſer la pointe de l'Epée & lever la main droite à la hauteur du front, & tournée tout à fait les ongles en deſſous, le bras étendu, la tête panchée du côté de l'Epaule droite; de ſorte que la lame couvre tout le devant du corps pour parer le foible de l'Epée ennemie avec le fort du tranchant par des coups ferme & courts, en oppoſant la main gauche afin de tirer en avançant, ou ſi l'ennemi vous tire, lui ripoſter bruſquement toûjours la main gauche oppoſée en avant, le coude élevé, le creux de la main en dehors, les doigts pendans en bas & deſſous le pliant du bras droit, pour ramaſſer de la main & de l'Epée tous les coups qui ſeront tirez.

Vïez pour l'oppoſition de main, page 39.

Voïez la Figure de la parade de prime.

PARADE DE QUINTE,

LA MAIN TOURNE'E DE QUARTE, LES ONGLES EN en deſſus. On pare avec cette parade la tierce, la quarte deſſus les Armes, & la ſeconde. Il ne faut point d'oppoſition de main à cette parade de quinte, & elle ſe fait de deux manieres.

LA PREMIERE PARADE DE QUINTE.

L'Ennemi venant à tirer tierce ou quarte deſſus les Armes, je fais oppoſer le poignet roide, comme il ſe trouve en Garde ſans le tourner de tierce, en frapant le foible de ſon Epée avec le fort de la lame contraire à la parade ordinaire. Le coup paré, ripoſter droit de quarte deſſus les Armes ou de ſeconde, puis ſe retirer en Garde l'Epée devant ſoy.

DEUXIE'ME PARADE DE QUINTE.

SI l'ennemi tire de ſeconde ſous les Armes, je fais lever la main de quarte & baiſſer la pointe en oppoſant le même fort du tranchant contraire ferme, & jettant le coup en dehors des Armes, puis relever l'Epée pour engager tierce.

Voïez la derniere Figure de cette parade de quinte.

38.
Parade de quinte la main tournée quarte la pointe basse.
24.e planche.

39. Parade de quarte avec l'opposition de la main gauche.

25e planche.

Voyés la Riposte de quarte, après ce coup paré planche suivante.

39. Riposte de quarte la main gauche opposée a l'epée Ennemie.
26e. planche.

OPPOSITION DE LA MAIN GAUCHE,

AVEC LA MANIERE DE L'OPPOSER UTILEMENT AUX COUPS CY-DEVANT EXPLIQUEZ, ET A CEUX EXPLIQUEZ CY-APRE'S.

OUR l'opposition de main, il faut être bien en Garde, comme il est dit, ferme sur ses pieds, le jarret gauche plié & le corps porté dessus bien en arriere, avec la hanche droite cavée. Si l'ennemi tire quarte au dedans des Armes, ou que vous lui tiriez ce même coup, je fais opposer la main à son Epée, élevant le coude gauche, avançant la main dessous le pliant du bras droit, le bout des doigts & du poulce pendant en bas, présentant le dedans de la main en dehors; & dans cette Attitude je fais parer de l'Epée ladite main opposée, & riposter droit au dedans des Armes en serrant la mesure, la main bien soutenuë & tournée de quarte, les ongles en dessus, puis redoubler & se retirer en Garde, l'Epée devant soy.

Voïez les autres coups.

Voïez la Figure de l'opposition de la main gauche.

CONTREDE'GAGEMENT

DE QUARTE EN TIERCE,

Se fait de pied ferme en avançant & en reculant. Et le contre du contre-dégagement est, de suivre l'Epée deux fois & tirer ferme.

POUR contredégager de quarte en tierce, il faut être bien en Garde, comme il est dit. L'ennemi étant engagé dehors des Armes; lorsqu'il dégage la pointe de son Epée pour tirer de quarte au dedans des Armes : pour contredégager je fais lever un peu le poignet, comme il se trouve en Garde, en baissant la pointe & la passant par dessous son Epée, relevant dans le même-temps la pointe au devant de sa lame, & rabaissant le poignet tourné de tierce, la frapant sur le foible d'un coup ferme avec le fort du tranchant, retirant le bras à soy; de sorte que le coup se trouve paré de tierce dehors des Armes, quoyque l'ennemi l'ait tiré de quarte au dedans des Armes. Et pour faire le contre du contredégagement, il faut suivre l'Epée faisant le tour du bras en tirant ferme.

CONTREDE'GAGEMENT
DE TIERCE EN QUARTE,

SE fait de pied ferme en avançant & en reculant; Et le contre du contredégagement eſt, de ſuivre l'Epée deux fois & tirer ferme.

POUR contredégager, il faut être bien en Garde; l'ennemi ayant ſon Epée engagée de quarte, lorſqu'il dégage pour tirer tierce, je fais lever un peu le poignet & baiſſer la pointe en la paſſant par deſſous ſon Epée, puis relever la pointe ſubtilement au-devant du coup de tierce, rabaiſſant le poignet tourné de quarte, en frapant avec le fort du tranchant ſur le foible de la lame ennemie, retirant le bras à ſoy; de ſorte que le coup ſe trouve paré de quarte au dedans des Armes, quoyque tiré au dehors deſdites Armes.

Et pour le contre du contredégagement eſt, de ſuivre l'Epée faiſant le tour du bras.

DANS LES ARMES

IL Y A DEUX COUPS CAPITAUX,

QUI sont la quarte & la tierce ; de ces deux coups dérivent la quarte coupée, la seconde & la flanconnade, de maniere qu'on peut compter cinq coups dans les Armes de l'Epée de pointe seule.

SÇAVOIR,

PREMIER COUP.

LA quarte haute au dedans des Armes, se tire les ongles en dessus.

II.

La tierce haute au dehors des Armes, se tire les ongles en dessous.

III.

La quarte coupée sous les Armes, se tire les ongles en dessus.

IV.

La seconde sous les Armes & la ligne du bras, se tire les ongles en dessous.

V.

Et la flanconnade par dedans les Armes, derriere le poignet, sur le flanc ; elle se tire les ongles en dessus, & pour parer ce coup tourner la main tierce, le poignet haut & les ongles en dessous.

QUOYQU'IL NE SE TROUVE QUE CINQ COUPS Dans les Armes, il s'y trouve six parades, outre les oppositions de la main gauche & les contredégagemens de tierce & de quarte.

SÇAVOIR,

PARADE de quarte, la main tournée les ongles en dessus, racourcissant le bras.

Parade de tierce, la main tournée les ongles en dessous, racourcissant le bras.

Parade du cercle, la main haute, les ongles en dessus, le bras tendu, la pointe basse.

Parade du cercle, la main haute, les ongles en dessous, le bras tendu, la pointe basse.

Parade de prime, la main très-haute, les ongles en dessous, le bras levé, la pointe basse.

Parade de quinte, les ongles en dessus, la main élevée & la pointe basse.

Les oppositions, le dedans de la main gauche en dehors, les doigts pendans.

Et les contredégagemens de tierce & de quarte, de pied ferme, avançant & reculant.

Observation. Que les parades de prime & de quinte, se font avec le tranchant, contraire aux autres parades.

METHODE POUR TIRER AU MUR
DE TIERCE ET DE QUARTE,
ET TOUCHER PLUS FACILEMENT QUE D'AUTRES MANIERES.
SÇAVOIR,

POUR tirer au mur, il faut être bien en Garde, comme il est dit, le corps bas & porté entierement sur le jarret gauche, avec le pied gauche ferme à terre ; dans cette Attitude je fais avancer davantage le pied droit que dans la Garde ordinaire, & plier le genou droit, la main élevée à la hauteur de l'Epaule, & la pointe plus basse, tant soit peu engagée à côté de la Garde adversaire, sans la toucher non plus que la lame, ayant le bras presque à moitié retiré à soy, avec les épaules effacées, puis dégager subtilement, & tirer la main la premiere de tierce ou de quarte, suivant que l'Epée se trouve, en ne levant le pied droit qu'à ras de terre, pour tirer avec plus de vitesse, sans branler le pied gauche. Le coup étant bien soutenu & ajusté sur la mamelle, la tête à l'opposite de l'Epée, il faut que le pommeau regarde l'œil gauche ; & se retirer, le poignet haut.

Voyez les parades pages 33. *&* 34.

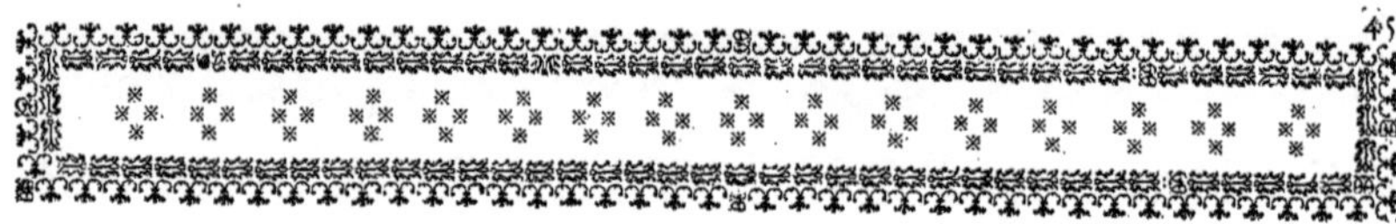

OBSERVATIONS
SUR LES COUPS D'ARMES
QUI CONVIENNENT AUX DIFFERENTES GARDES
PRATIQUÉES EN EUROPE, MENTIONNÉES, *p.* 8. *&* 9.

SÇAVOIR,

POUR connoître la façon de combattre de l'ennemi auquel on aura à faire, il faut autant qu'il est possible, se tenir hors de mesure, & ne l'attaquer que par de petites demi-bottes, tenant bien l'Epée devant soy, pour le faire partir le premier, afin d'être en état de parer & de riposter à propos.

Si vous avez à faire contre des Gardes heteroclites, & qui vous soient inconnuës, tâchez à les imiter, & revenez néanmoins toûjours à la méthode d'attaquer par des demi-bottes hors de mesure, avec l'Epée devant soy, le corps en arriere.

A des Gardes hautes, attachez-vous à tirer des coups de dessous, & revenez toûjours à l'Epée à tous les mouvemens que l'ennemi peut faire fans en négliger aucuns, afin de ne point vous laiffer furprendre.

A des Gardes le poignet bas & la pointe haute, attachez-vous à tirer les coups le long de la lame du fort au foible, les feintes de tierce & de quarte, & aux battemens d'Epées fermes & courts coupés fur pointe.

A des Gardes baffes, attachez-vous à tirer les coups de deffus, & aux feintes baffes pour tirer à la découverte.

A des Gardes baffes, tenant l'Epée à côté de la cuiffe droite, & parant de la main gauche; attachez-vous à marquer des demi-bottes, vis à vis la poitrine, pour faire partir la main; & lorfqu'elle va à la parade, tirez deffus ou deffous le bras gauche, faifant faire le tour du bras à la pointe, fuivant ladite main gauche, & oppofant la votre à l'Epée ennemie.

Voyez encore pour ces fortes de Gardes, pages 83. 85. & 86.

FIN de la Premiere Partie des Armes.

DEUXIE'ME PARTIE
DES ARMES DE L'EPE'E DE POINTE SEULE, CONTRE CEUX QUI COURENT EN AVANT.

PREMIEREMENT.

EXPLICATION SUR LES COUPS EN TROIS TEMPS.

DU coup ſimple on vient au coup double, & du coup double au coup triple; c'eſt-à-dire, l'ennemi parant les coups tant au dedans des Armes, qu'au dehors, au deſſus & au deſſous deſdites Armes; vous lui faites une feinte au contre de la parade, qui ſera le coup double; & s'il pare encore, vous lui redoublerez la feinte, qui ſera le coup triple ou botte en trois temps.

EXEMPLE.

Pour marquer les feintes en trois temps, il les faut marquer contraires aux endroits ou l'ennemi parera, en battant deux fois du pied droit; & s'il recule faire ſuivre le pied gauche au deuxiéme battement, ayant le bras étendu & l'Epée devant ſoy; s'il vient à s'ébranler dans la parade, lui tirer à la découverte, la main la premiere, & redoubler, puis ſe retirer en Garde, le poignet ſoutenu.

DOUBLE FEINTE DE TIERCE

POUR TIRER TIERCE DEHORS DES ARMES.

L'EPE'E engagée de quarte, le corps en arriere, je fais faire une feinte de tierce, frapant du pied droit, les ongles tournés en dessous, la pointe à côté de la garde ennemie en dehors des Armes; ensuite la feinte de quarte, le poignet haut, la pointe à côté de la garde, comme il est dit; & lorsqu'il revient à la parade de quarte dedans les Armes, lui tirer tierce dehors desdites Armes, la main la premiere, ou de quarte dessus les Armes, & redoubler de seconde sous la ligne du bras, puis se retirer en Garde l'Epée devant soy.

DOUBLE FEINTE BASSE

POUR TIRER SECONDE SOUS LES ARMES.

L'EPE'E engagée de tierce, je fais faire une petite feinte sous la garde ennemie, le poignet soutenu, en faisant un appel du pied, ensuite relever la pointe le long de la lame, vis-à-vis de l'œil droit jusqu'au dessus du pliant du bras; & lorsqu'il leve la main pour revenir à la parade, lui tirer le coup de seconde sous la ligne du bras, la main élevée comme il est dit dans la premiere Partie au coup de seconde, avec la tête au long du bras.

Voyez, page 23.

DOUBLE FEINTE A LA TESTE,

POUR TIRER TIERCE AU DEHORS DES ARMES,

OU QUARTE DESSOUS LES ARMES.

L'EPE'E engagée de quarte, je fais faire une feinte à la tête le long de la lame, la pointe jusqu'au pliant du bras droit, & vis à vis l'œil, levant le poignet en frapant du pied, comme pour achever le coup de tierce ou allant à la parade, je fais baisser la pointe sous la garde ennemie, le poignet soutenu & tourné de seconde, les ongles en dessous; & lorsqu'il vient rechercher l'Epée pour parer, relever la pointe & tirer de vitesse, la main la premiere de quarte sur les Armes, ou tierce bien soutenuë dans le principe; on peut redoubler de seconde, puis se retirer en Garde l'Epée devant soy, ou faire retraite le poignet haut.

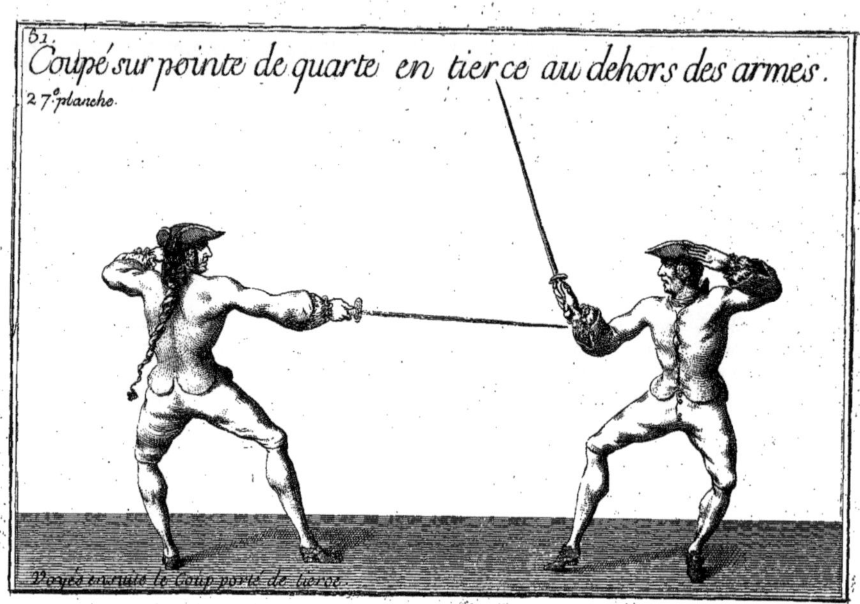
81.
Coupé sur pointe de quarte en tierce au dehors des armes.
27e planche.
Voyés ensuite le Coup porté de tierce.

51. Coup de tierce porté du coupé sur pointe de quarte en tierce.

28e. planche.

DOUBLE FEINTE BASSE,

A EPE'E PERDUE, POUR TIRER A LA DE'COUVERTE.

CETTE feinte se fait ordinairement plûtôt en avançant que de pied ferme, & l'Epée non engagée; il faut avoir le corps bien en arriere, porté sur la partie gauche, la hanche droite cavée, le poignet haut & la pointe plus basse; dans cette Attitude l'ennemi venant à rompre la mesure, je fais faire des appels du pied droit pour l'ébranler, en avançant sur lui serrant le pied gauche, la main soutenuë, tenant la pointe dessous sa garde; & dans le même-temps qu'il va chercher l'Epée en désorde pour parer, je lui fais tirer subtilement à la découverte, la main la premiere & tournée de quarte, les ongles en dessus, le bras étendu, puis redoubler du coup repris de tierce au dedans des Armes sans dégager, ensuite faire retraite l'Epée devant soy.

SIMPLE COUPE' SUR POINTE,

DE QUARTE EN TIERCE.

L'ENNEMI venant à parer de la pointe sur un coup de quarte au dedans des Armes; dans le même-temps, je fais retirer le bras à soy, & lever la lame droite en la passant par dessus la pointe au dehors des Armes, puis relever subtilement le poignet, en baissant la pointe, & tirer le coup de tierce à fond, les ongles en dessous, le poignet soutenu dans le principe qu'il est dit, ensuite se retirer en garde l'Epée devant soy.

VOYEZ LES FIGURES DE CE COUPE'.

SIMPLE COUPE' SUR POINTE

DE TIERCE EN QUARTE.

LES coupés ſur pointe ſe font ordinairement ſur les coups qu'on remarque n'être parés que de la pointe.

L'EPE'E étant engagée de tierce dehors des Armes, je fais faire un appel le long de la lame, ou une demi botte ſans dégager ; & l'ennemi venant à parer de la pointe ſur la tierce, je fais dans le même-temps retirer le bras à ſoy, en relevant la lame, la pointe droite, & la paſſant pardeſſus la pointe au dedans des Armes, relevant le poignet & rabaiſſant la pointe, tirant à fond le coup de quarte, les ongles en deſſus, le bras tendu, puis redoubler du coup repris de tierce au dedans des Armes ſans dégager ; enſuite faire retraite.

VOYEZ LES FIGURES DE CE COUPE' DE POINTE.

Coupé sur pointe, de tierce en quarte au dedans des armes.
52.
29.e planche.
Voyés ensuite le Coup porté de quarte.

DOUBLE FEINTE DE QUARTE POUR TIRER QUARTE.

CETTE botte se fait de pied ferme, en marchant & en reculant, avec des appels du pied & sans appels; ainsi que généralement tous les coups d'Armes, comme il est déja dit.

DOUBLE FEINTE DE QUARTE.

L'EPE'E engagée de tierce, je fais faire une feinte de quarte en frapant du pied droit, la main à la hauteur de l'épaule, tournée les ongles en dessus & la pointe à côté de la Garde ennemie, le corps en arriere, puis la feinte de tierce dehors les Armes; & lorsqu'il revient à laparade, tirer subtilement de quarte au dedans des Armes, la main la premiere dans le principe, pour être en état de parer en cas de riposte, & de riposter à propos.

52.

Coup de quarte porté du Coupé sur pointe de tierce en quarte.

30e. planche.

COUPE' SUR POINTE EN TROIS TEMPS, DE TIERCE EN QUARTE.

L'EPE'E engagée de tierce, je fais faire un appel de pied ferme, la main tournée comme elle se trouve en Garde, frapant du pied droit; l'ennemi venant à la parade sur l'appel, en baissant la pointe, je fais retirer un peu le bras à soy & relever la lame de l'Epée, la passant pardessus la pointe ennemie au dedans des Armes, relevant la main, faisant feinte de tirer quarte; & lorsqu'il revient à la parade au dedans des Armes, en même-temps je fais dégager subtilement sous sa garde & tirer à fond le coup de tierce au dehors desdites Armes, la main la premiere & bien soutenuë dans le principe, puis redoubler du coup repris & se retirer en garde l'Epée devant soy.

AUTRE COUPE' SUR POINTE EN TROIS TEMPS, DE TIERCE EN QUARTE COUPE'E SOUS LES ARMES.

L'EPE'E engagée dehors des Armes, ce coupé sur pointe se fait de la même façon que le dernier; & au lieu de dégager pour tirer le coup de tierce au dehors des Armes, je lui fais couper la quarte dessous la ligne du bras.

COUPE' SUR POINTE

DE QUARTE EN TIERCE, EN TROIS TEMPS.

L'EPE'E engagée de quarte au dedans des Armes, je fais faire un appel du pied le long de la lame ennemie, frapant du pied droit, la main haute & la pointe plus basse, comme pour achever le coup droit; venant à la parade en baissant sa pointe, je fais retirer le bras à soy, le corps en arriere, relever la lame de l'Epée en la passant pardessus la pointe ennemie en dehors des Armes, & relever la main, faisant feinte de tirer; & lorsqu'il revient à la parade, dans le même-temps dégager la pointe sous sa garde, & tirer de vitesse le coup de quarte au dedans des Armes, la main la premiere & soutenuë, le bras tendu, puis redoubler du coup repris de tierce, ensuite faire retraite l'Epée devant soy.

AUTRE COUPE' SUR POINTE EN TROIS TEMPS

DE QUARTE EN TIERCE

POUR TIRER DE SECONDE DESSOUS LES ARMES.

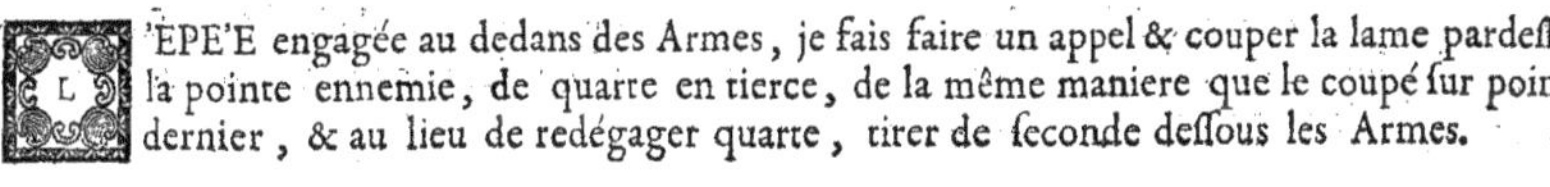

L'EPE'E engagée au dedans des Armes, je fais faire un appel & couper la lame pardessus la pointe ennemie, de quarte en tierce, de la même maniere que le coupé sur pointe dernier, & au lieu de redégager quarte, tirer de seconde dessous les Armes.

COUPE' DEUX FOIS SUR POINTE

DE QUARTE EN TIERCE ET DE TIERCE EN QUARTE,

COMMENÇANT PAR UN APPEL DU PIED.

L'EPE'E engagée de quarte, je fais faire un appel du pied, & couper la lame pardessus la pointe de l'ennemi en dehors des Armes, ou venant à la parade en baissant sa pointe, recouper une seconde fois pardessus en tirant le coup de quarte au dedans des Armes, la main la premiere dans le principe, & se retirer en Garde. Cette botte se fait sans que je l'estime.

COUPE' DEUX FOIS SUR POINTE

DE TIERCE EN QUARTE, ET DE QUARTE EN TIERCE

FAISANT D'ABORD UN APPEL DU PIED.

L'EPE'E engagée de tierce, je fais faire l'appel du pied & passer au mouvement de l'ennemi, l'Epée sur la pointe au dedans des Armes; ou parant en baissant la pointe, je fais recouper pardessus & tirer le coup de tierce en dehors des Armes ou de quarte dessus les Armes, la main la premiere, & se retirer en Garde l'Epée devant soy. Ladite botte se fait également sans estime.

BATTEMENT D'EPE'E SIMPLE

POUR TIRER DROIT DE QUARTE

AU DEDANS DES ARMES, DU FORT AU FOIBLE DE LA LAME.

L'EPE'E étant engagée de quarte, le corps en arriere, la hanche droite cavée & le bras droit flexible, lequel je fais retirer à ſoy & fraper ferme avec le fort du tranchant de l'Epée ſur le foible de celle de l'ennemi ; & ſon poignet molliſſant, je fais tirer droit le coup de quarte au dedans des Armes en coulant du fort au foible, la main élevée, que le pommeau regarde l'œil gauche, le coup bien ſoutenu & ajuſté, ſe retirer en Garde dans le principe.

BATTEMENT D'EPE'E SIMPLE

POUR TIRER DROIT DE TIERCE

AU DEHORS DES ARMES, DU FORT AU FOIBLE.

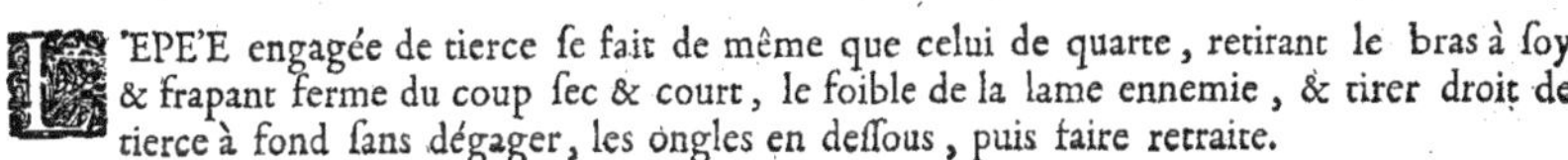

L'EPE'E engagée de tierce ſe fait de même que celui de quarte, retirant le bras à ſoy & frapant ferme du coup ſec & court, le foible de la lame ennemie, & tirer droit de tierce à fond ſans dégager, les ongles en deſſous, puis faire retraite.

BATTEMENT D'EPE'E DOUBLE,

EN COULANT SUR LA LAME DE TIERCE EN QUARTE, DU FORT AU FOIBLE.

L'EPE'E engagée de tierce au dehors des Armes, je la fais dégager de quarte au dedans des Armes, en frapant d'un coup ferme & court sur le foible de l'Epée ennemie, avec le fort du tranchant, ayant le corps en arriere sur la partie gauche; & dans le même temps que son poignet mollit, je lui fais tirer à fond du fort au foible, le coup de quarte au dedans des Armes, la main soutenuë dans le principe.

BATTEMENT D'EPE'E DOUBLE,

EN COULANT SUR LA LAME DE QUARTE EN TIERCE, DU FORT AU FOIBLE.

L'EPE'E engagée de quarte au dedans des Armes, je fais dégager de tierce en retirant le bras un peu à soy, & battant d'un coup ferme le foible de la lame ennemie, avec le fort du tranchant de l'Epée; son poignet mollissant, je fais tirer droit au dehors des Armes, la main la premiere, le coup soutenu, redoubler de seconde sous la ligne du bras, puis se retirer en Garde.

AUTRE BATTEMENT D'EPE'E DE TIERCE EN QUARTE,

AVEC PARADE DU CERCLE ET RIPOSTE.

L'EPE'E engagée de tierce, je fais dégager en frapant le foible de la lame ennemie, avec le fort du tranchant au dedans des Armes; son poignet mollissant, je fais tirer le coup droit de quarte, du fort au foible, s'il vient à la parade & à riposter, dans le même temps je fais baisser la pointe & lever la main à la hauteur de la bouche, les ongles dessus & parer du cercle, en opposant la main gauche dans le principe qu'il est dit, *page* 35. puis riposter quarte droite au dedans des Armes, la main la premiere.

Voyez pour tous les battemens d'Epée & coulés sur la lame, page 61.

PAREIL BATTEMENT D'EPE'E DE QUARTE EN TIERCE,

PARADE DE PRIME.

L'EPE'E engagée de quarte au dedans des Armes, je fais dégager en frapant le foible de la lame ennemie, avec le fort du tranchant de l'Epée au dehors des Armes, & dans le même-temps que son poignet mollit, je fais tirer le coup de tierce sans dégager, ou venant à la parade & à riposter de tierce en forçant l'Epée, ou de seconde, je fais parer de prime le poignet à la hauteur du front & la pointe basse dans le principe qu'il est dit, *page* 37. en opposant la main gauche, puis riposter droit.

AUTRE BATTEMENT D'EPE'E DE TIERCE EN QUARTE,

AUQUEL l'ennemi resistant en forçant la lame dedans les Armes, dégager l'Epée & tirer le coup à fond au dehors desdites Armes, ou dessous la ligne du bras. *Voyez, page* 61.

AYANT le bras flexible & le corps bien en arriere, porté sur la partie gauche, avec la hanche gauche cavée; l'Epée étant engagée de tierce, je fais dégager en frapant l'Epée ennemie d'un coup ferme sur le foible au dedans des Armes, ou venant à la parade en forçant la lame, je fais quitter subtilement l'Epée & dégager en tirant à fond au dehors des Armes, le coup soutenu & ajusté.

PAREIL BATTEMENT D'EPE'E DE QUARTE EN TIERCE,

POUR TIRER EN DE'GAGEANT.

L'EPE'E engagée de quarte au dedans des Armes, je fais dégager au dehors en frapant l'Epée ennemie ferme sur son foible, avec le fort du tranchant, & venant à la parade en forçant, quitter l'Epée & dégager en tirant de quarte au dedans des Armes, la main la premiere, puis se retirer en Garde, l'Epée devant soy. Pour bien faire ces battemens d'Epée & avoir la facilité de tirer en dégageant la seconde fois, il faut avoir le corps en arriere.

COULE' DE LA LAME AU DEHORS DES ARMES,

POUR TIRER QUARTE AU DEDANS DES ARMES, LES ONGLES EN DESSOUS.

ENTRANT en meſure ſur l'ennemi & engageant ſon Epée legerement de tierce au dehors des Armes, le corps entierement porté ſur la partie gauche; lorſqu'il la touche avec ſa lame, je la fais quitter en coulant deſſus & baiſſant la pointe juſqu'au deſſous du coude, dégageant en tirant ferme au dedans des Armes ſubtilement, la main la premiere & tournée les ongles en deſſous, quoyque le coup ſoit de quarte, puis ſe retirer en Garde en relevant de même-temps la pointe pour revenir à l'Epée de tierce au dehors des Armes.

PAREIL COULE' DE LA LAME AU DEDANS DES ARMES,

POUR TIRER TIERCE.

VENANT en meſure l'Epée engagée au dedans des Armes très-legerement, le corps bien en arriere; & lorſque l'ennemi va la toucher, je fais couler ſubtilement ſur ſa lame, dégageant la pointe pardeſſous ſa garde, & tirer ferme le coup de quarte deſſus les Armes, la main la premiere dans le principe, les ongles tournés en deſſus, puis redoubler de ſeconde.

POUR LES BATTEMENS D'EPE'E, COULE'S SUR LA LAME, ET GENERALEMENT TOUS LES COUPS D'ARMES.

LORSQUE l'ennemi recule, & qu'on n'eſt plus en meſure ſur lui : Voici la maniere de gagner la meſure.

ORSQU'ON fait des battemens d'Epée, des coulés ſur la lame, ou quelqu'autre coup d'Armes, l'ennemi venant à reculer ; ne vous trouvant plus en meſure, au lieu d'achever le coup qui ſeroit inutile, il faut fraper deux fois du pied droit & faire ſuivre le pied gauche à la derniere fois, après le pied droit, puis ayant regagné la meſure ſur lui, tirer à la découverte, la main la premiere dans le principe ; & on peut même couper le coup ſous la ligne du bras, ſoit de quarte coupée ou de ſeconde, ſuivant l'occaſion, ayant bien l'Epée devant ſoy, & le corps en arriere, pour n'être point ſurpris en avançant. Et enfin que l'œil & le poignet devance toûjours le corps.

FEINTE BASSE POUR TIRER DE QUARTE DESSUS LES ARMES, OU TIERCE.

L'EPE'E engagée de tierce au dehors des Armes & en mesure sur l'ennemi, je fais faire un appel du pied droit, en levant la main tournée de seconde, les ongles dessous, & baissant la pointe à côté de la garde & même un peu dessous son poignet, comme pour tirer de seconde, ou pour dégager quarte, & lorsqu'il fait un mouvement pour chercher l'Epée & venir à la parade sur la feinte, je fais dans le même-temps retourner la main subtilement, les ongles en dessus, en relevant la pointe, & tirer à fond le coup de quarte dessus les Armes, & ensuite redoubler celui de seconde sous la ligne du bras, puis se retirer en Garde l'Epée devant soy.

63. Coup de quarte paré, avant le coup repris de tierce.

31e planche.

Voyés le coup repris de tierce au dedans des armes planche suivante.

63. Coup repris de tierce portée au dedans des armes.

32e. planche.

BOTTE DU COUP REPRIS
AU DEDANS DES ARMES,
APRE'S AVOIR TIRE' LE COUP DE QUARTE SANS DE'GAGER.

L'EPE'E engagée de tierce dehors des Armes, le corps en arriere, je fais faire un appel du pied droit le long de la lame sans dégager, la main tournée les ongles en dessous ; & lorsque l'ennemi vient à la parade sur l'appel de tierce, je fais dégager subtilement l'Epée, & tirer de quarte au dedans des Armes, le bras étendu & le poignet tourné les ongles en dessus & soutenu, puis mollir un instant, comme pour se retirer en Garde, retirant la pointe du pied droit, environ la longueur d'une semelle, sans poser le talon à terre, & dans le même temps qu'il veut lever le pied pour avancer sur vous, qu'il ait paré le coup de quarte ou non, je fais aussi tôt retourner brusquement la main tierce, les ongles en dessous, & tirer à fond au dedans des Armes sans dégager, le coup ajusté & la main bien soutenuë.

VOYEZ LA FIGURE.

BOTTE DU COUP REPRIS

AU DEHORS DES ARMES SANS DE'GAGER,

APRE'S AVOIR TIRE' LE COUP DE TIERCE.

L'EPE'E engagée de quarte au dedans des Armes, je fais faire un appel du pied droit le long de la lame; & l'ennemi venant à la parade sur l'appel, je fais dégager l'Epée & tirer de tierce au dehors des Armes, la main soutenuë & tournée les ongles en dessous, puis mollir le poignet un instant, comme pour se retirer en Garde, retirant la pointe du pied droit environ de la longueur d'une semelle, sans poser le talon à terre, & dans le même-temps qu'il veut avancer & qu'il leve le pied, soit qu'il ait paré la tierce ou non, je fais retourner la main brusquement, les ongles en dessus, & tirer à fond sans dégager le coup de quarte dessus les Armes, & se retirer en Garde l'Epée devant soy.

VOYEZ LA FIGURE DU COUP REPRIS.

FIN de la Seconde Partie des Armes.

Coup de tierce paré avant le coup repris de quarte dessus les armes. 64.

33.e planche.

Voyés le coup repris de quarte dessus les armes, planche suivante.

Coup repris de quarte dessus les armes.
64.
34e. planche.

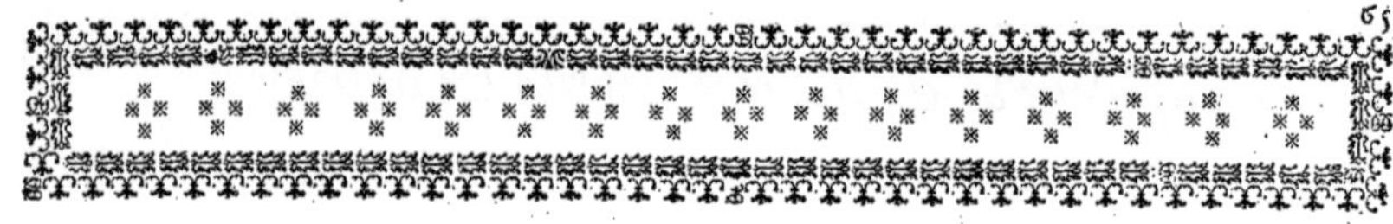

TROISIE'ME ET DERNIERE PARTIE DES ARMES, CONTRE CEUX QUI RECULENT TOUJOURS.

PREMIEREMENT.

EXPLICATION SUR LE FAIT DES ARMES, ET LA MANIERE DE PRENDRE SUR LES TEMPS.

LORSQU'ON vous forcera l'Epée, dégagez la pointe ſubtilement & tirez le coup à fond, le poignet haut & bien ſoutenu.

Si on vous fait de grands dégagemens, tirez droit dans le même-temps qu'il aura dégagé pour le prendre au pied levé; ſi c'eſt de quarte, oppoſez la main gauche dans le principe de la page 39. en tirant le coup. A l'égard du coup de tierce au dehors des Armes, l'opposition de la main est inutile, à moins que vous ne pariez de prime.

Que l'ennemi soit de pied ferme ou qu'il avance sur vous, lorsque vous serez en mesure sur lui, l'Epée engagée dedans ou dehors des Armes, tirez droit du fort au foible le long de la lame sans dégager, la main la premiere, & que ce soit dans le temps qu'il a le pied levé en avançant, ce qui se nomme coup le long de la lame.

Etant en mesure, si l'ennemi fait des appels du pied, ou s'il marque des demi-bottes sans dégager, il faut achever; c'est à dire, lui tirer droit au corps, la main la premiere bien soutenuë sans dégager, ce qui est également coup le long de la lame.

Si vous êtes en mesure sur lui & qu'il dégage, tirez droit, la main la premiere bien opposée & soutenuë pour vous garantir d'être frapé de même-temps.

S'il vous fait des feintes dedans ou dehors des Armes, dans le temps même qu'il a dégagé pour marquer la feinte, tirez droit, le poignet bien soutenu, lors du pied levé, en prenant sa lame du fort au foible, & au coup de quarte dedans les Armes, opposez la main gauche.

L'ennemi dégageant de tierce en quarte, tirez la quarte coupée dans le principe qu'il est dit.

Si l'ennemi tenoit votre Epée engagée en forçant au dedans des Armes, le poignet élevé à dessein de tirer dans le même-temps, il faut quitter sa lame & lui tirer subtilement le coup de quarte coupée sous la ligne du bras, posant le pied droit en dehors de la ligne de l'ennemi, puis relever la pointe de l'Epée, & engager sa lame de tierce au dehors des Armes, avant de se retirer en Garde ou de faire retraite.

S'il faisoit une feinte dessus les Armes ou feinte à la tête, dans le même-temps vous baisserez la pointe de votre Epée subtilement, lui faisant faire le tour du bras, & tirerez de seconde dessous les Armes, en faisant le plongeon, la main la premiere & soutenuë au dessus de la tête, les ongles tournez en dessous.

L'ennemi venant à tirer de flanconnade en dégageant ou en ripostant sur un coup de quarte, dans le même-temps, il faut tourner subtilement la main tierce, les ongles en dessous sans dégager, & soutenuë haute en tirant ferme au dedans des Armes.

Voyez la Planche de la page 25.

OBSERVATION.

De revenir toûjours à l'Epée à tous les mouvemens que l'ennemi peut faire, pour n'être point surpris, & profiter des temps favorables.

DEMI-BOTTE DE QUARTE
AU DEDANS DES ARMES POUR TIRER TIERCE, OU QUARTE DESSUS LES ARMES.

AYANT paré un coup de quarte au dedans des Armes, au lieu de ripoſter droit de quarte ſans dégager, je fais lever la main & la pointe plus baſſe, en frapant du pied droit, comme pour achever le coup au dedans ; & lorſque l'ennemi vient à la parade pour fraper l'Epée, dans le même-temps je fais dégager ſubtilement & tirer ferme au dehors, ſoit de tierce ou de quarte deſſus les Armes, la main la premiere dans le principe, puis redoubler de ſeconde ſous la ligne du bras, enſuite faire retraite l'Epée devant ſoy.

DEMI-BOTTE DE TIERCE
POUR TIRER QUARTE DEDANS LES ARMES.

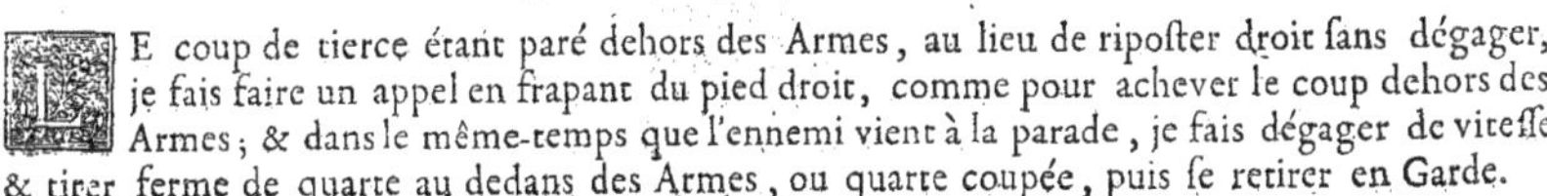

LE coup de tierce étant paré dehors des Armes, au lieu de ripoſter droit ſans dégager, je fais faire un appel en frapant du pied droit, comme pour achever le coup dehors des Armes ; & dans le même-temps que l'ennemi vient à la parade, je fais dégager de viteſſe & tirer ferme de quarte au dedans des Armes, ou quarte coupée, puis ſe retirer en Garde.

DEMI-BOTTE DE QUARTE
ET DEMI-BOTTE DE TIERCE.

POUR réussir aux demi-bottes, il faut être hors de mesure, & n'avoir que la pointe de l'Epée engagée, le corps en arriere, porté sur la partie gauche, avec la hanche droite cavée; dans cette Attitude je fais avancer le pied droit, faisant un appel & suivre le pied gauche, sans que l'ennemi s'en aperçoive, en levant la main, comme pour achever le coup droit; dans le même-temps qu'il cherche l'Epée pour aller à la parade, je fais dégager subtilement, & tirer du fort au foible à la découverte, la main la premiere, le coup bien soutenu & ajusté, les bras étendus & les épaules effacées, puis redoubler encore à la découverte, faisant suivre le pied gauche s'il recule, ensuite faire retraite l'Epée devant soy.

COUPS D'EPE'E PERDUS,

POUR TIRER A LA DE'COUVERTE.

POUR tirer en général les coups d'Epée perdus, il faut être hors de mesure l'Epée devant soy, le corps en arriere, & le poignet à la hauteur des épaules, la pointe au dessous de la garde & vis-à-vis le ventre de l'ennemi sans être engagée, je fais faire des appels du pied droit, la main tournée de quarte, les ongles en dessus, en avançant de la longueur d'une demi-semelle chaque fois, le pied gauche suivant le droit à ras de terre, à fure & à mesure qu'il recule, lui faisant des mouvemens d'épaules pour l'ébranler, & toujours en Garde, pour éviter qu'il ne puisse prendre sur le temps; puis ayant gagné la mesure sur lui, lorsqu'il cherche l'Epée pour aller à la parade sur les appels, je fais tirer ferme à la découverte, la main la premiere & le coup soutenu dans le principe, puis redoubler & faire retraite.

VOYEZ LES FIGURES DE L'EPE'E PERDUE.

Coup d'Epées perdües pour tirer a la decouverte.
70.
35.e planche.

71.
Passe de quarte, au dedans des armes.
36e. planche.

71.
Saisissement d'epée, sur la passe de quarte.
37e. planche.

PASSE DE QUARTE AU DEDANS DES ARMES.

L'ENNEMI venant à tirer quarte, avançant le corps à découvert au dedans des Armes, en levant le pied dans le même-temps, je fais partir de viteſſe, la main droite la premiere, fort élevée, & tirer droit de quarte, les ongles tournés en deſſus, paſſant ſubtilement le pied gauche devant le droit, de la longueur de deux grandes ſemelles, le bras droit étendu, avec le pied gauche ferme à terre & le jarret plié, de ſorte que le genou ſoit au deſſus du fort du pied, le jarret droit étendu,& le talon levé prêt à repaſſer ce pied devant le pied gauche, ayant la main gauche oppoſée dans le principe qu'il eſt dit, *page 39.*

Voyez le ſaiſiſſement d'Epée qui ſe peut faire après cette paſſe.

VOYEZ LA FIGURE.

SAISISSEMENT D'EPE'E

APRE'S LA PASSE DE QUARTE.

APRE'S avoir paſſé de quarte, comme il eſt dit, le poignet haut, les ongles tournez en deſſus & l'Epée bien oppoſée à celle de l'ennemi, je fais jetter bruſquement la main gauche ſur ſa garde, la tenant ferme,le bras étendu, la main tournée, les ongles en deſſus en oppoſant dans le même-temps le fort du tranchant de la lame, en ligne traverſante ſur le foible de la ſienne, la main tournée les ongles en deſſous, puis repaſſer le pied droit devant le gauche, afin d'être en état de reſiſter à tous les efforts. *Voyez page* 78. *FIGURES.*

PASSE DE TIERCE AU DEHORS DES ARMES.

L'EPE'E étant engagée de quarte, je fais faire un battement d'Epée ferme & court, sur le foible de la lame ennemie sans dégager; & lorsqu'il resiste pour parer au dedans des Armes, je fais dégager subtilement au dehors, en tirant le coup de tierce, la main la première & le bras étendu, passant dans le même temps le pied gauche devant le pied droit de la longueur de deux semelles, le corps panché au dessus du genou gauche, les ongles tournés en dessous; ayant la tête le long du bras à l'opposite de l'Epée, le pied gauche à plat & ferme, le genou plié avec le jarret droit tendu, le talon levé & de droite ligne vis-à-vis l'ennemi.

Voyez le saisissement d'Epée qui se fait sur cette passe, suivant l'occasion. Voyez la Planche suivante.

VOYEZ LA FIGURE DE CETTE PASSE.

SAISISSEMENT D'EPE'E

APRE'S LA PASSE DE TIERCE AU DEHORS DES ARMES.

APRE'S avoir passé de tierce, je fais jetter en même-temps la main gauche subtilement sur la garde de l'ennemi, le bras étendu, la lame bien opposée à la sienne, puis s'étant assuré de son Epée, lui présentant toujours la pointe sur le corps, je fais repasser le pied droit devant le gauche, pour avoir plus de force & d'avantage à resister aux efforts que l'ennemi pourroit faire. *Voyez aussi le saisissement de la passe de seconde, page suivante.*

VOYEZ LA FIGURE.

Passe de tierce au dehors des armes.

38.e planche.

Voyés le Saisissement d'Epée planche suivante.

72.

Saisissement d'epée sur la passe de tierce au dehors des armes.

39.e planche.

73.
Passe de seconde dessous les armes.
40e planche.
Voyés le saisissement d'Epée planche suivante.

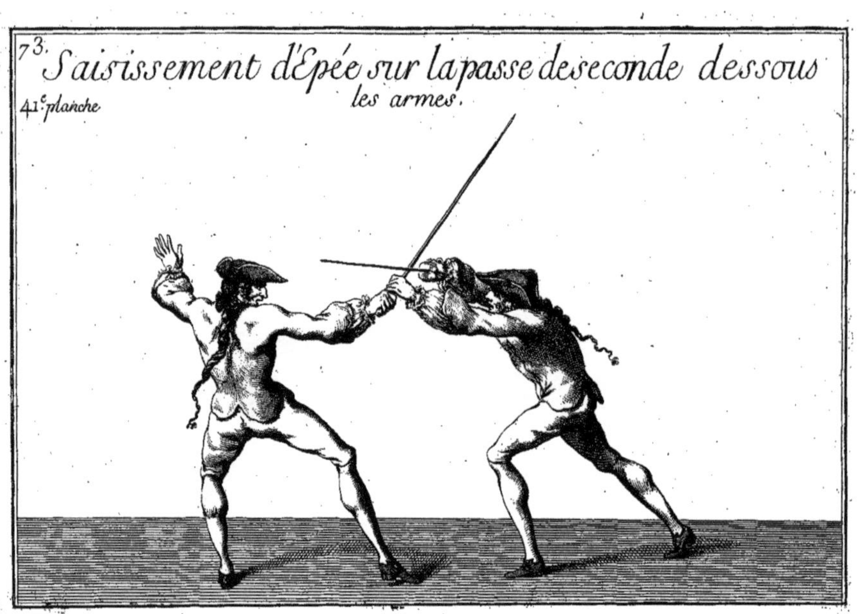
73. Saisissement d'Epée sur la passe de seconde dessous les armes.
41e planche

PASSE DE SECONDE DESSOUS LES ARMES.

ETANT bien en Garde & l'Epée engagée de tierce, je fais faire une feinte à la tête le long de la lame ennemie, la forçant un peu; & lorsqu'il pare en relevant la main & avançant le corps, je fais dans le même-temps baisser la pointe en faisant le tour du bras, & tirer de seconde dessous les Armes, à fond, la main partant la premiere en passant brusquement le pied gauche devant le droit, de la longueur de deux grandes semelles, le poignet haut, les ongles tournés en dessous, le bras & le jarret droit tendus, le corps baissé au dessus du genou gauche, avec la tête dessous le bras. Cette passe achevée relever la pointe & revenir à l'Epée en dehors des Armes, avant que de relever le corps.

Voyez le saisissement d'Epée qui se fait après cette passe.

VOYEZ L'ATTITUDE DE CETTE PASSE.

SAISISSEMENT D'EPE'E
APRE'S LA PASSE DE SECONDE.

APRE'S avoir passé de seconde, comme il est dit, & revenu à l'Epée de tierce, avant de relever le corps, je fais jetter la main gauche brusquement, sur la garde ennemie, le bras étendu, la lame opposée à la sienne, en repassant le pied droit, comme à la *page* 72. & présenter la pointe sur le corps. *Voyez page* 79. *VOYEZ LA FIGURE.*

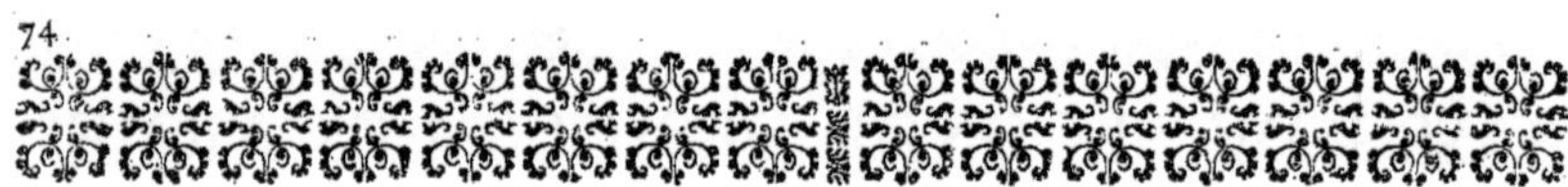

DEMI-VOLTE

SUR UN COUP DE TIERCE FORCE AU DEHORS DES ARMES.

L'ENNEMI venant à tirer tierce au dehors des Armes, en forçant l'Epée, je fais ſubtilement quitter ſa lame, baiſſant la pointe en faiſant le tour du bras, & tirer droit de quarte au dedans des Armes, le poignet ſoutenu en tournant dans le même-temps le corps à gauche, portant le pied gauche à côté du droit par derriere, & ce dernier pied un peu tourné, quoyque reſtant toûjours ferme à la même place, ayant la main gauche oppoſée au devant du corps dans le principe qu'il eſt dit, *page* 39. puis ſe retirant en Garde, retourner la main tierce, les ongles en deſſous, & fraper d'un coup ferme avec le fort du tranchant de l'Epée ſur le foible de la lame ennemie, enſuite ſe remettre en Garde hors de meſure, l'Epée devant ſoy.

Voyez encore les voltes, pages 75. & 76.

VOYEZ L'ATTITUDE DE CETTE DEMI-VOLTE.

74.

Demi volte sur un coup de tierce forcé, au dehors des armes.

42e. planche.

75. Volte sur le coup - de quarte au dedans des armes.
43e. planche.

VOLTE FAITE,

ET LE COUP ACHEVE' DE QUARTE

AU DEDANS DES ARMES,

LORSQUE L'ENNEMI DE'GAGE DE TIERCE EN QUARTE.

L'EPE'E étant engagée au dehors des Armes, l'ennemi venant à dégager quarte au dedans en présentant le corps, je fais élever la main à la hauteur des yeux, les ongles tournés dessus, & en même-temps volter subtilement de face, en portant le coup à fond sur la mamelle droite, ayant passé entierement le pied gauche par derriere le droit, faisant un à gauche & présentant le dos à l'ennemi, le corps ferme & la tête tournée sur l'épaule droite pour observer. Le coup de quarte achevé & soutenu au dedans des Armes, se retirer en garde en parant du cercle, d'un grand coup de foüet sur le foible de la lame ennemie, avec le fort du tranchant de l'Epée, la main élevée & retournée les ongles en dessous, la pointe basse, ensuite remettre l'Epée devant soy.

Voyez la page 36.

VOYEZ LA FIGURE DE CETTE VOLTE.

VOLTE SUR LE COUP DE TIERCE,

ET SUR LES PASSES DE TIERCE DEHORS LES ARMES

ET DE SECONDE DESSOUS LES ARMES.

DANS le temps que l'ennemi force l'Epée au dedans des Armes, & ſoit qu'il tire de tierce, ou qu'il paſſe au dehors des Armes ou au deſſous, je fais dans le même-temps dégager de quarte au dedans des Armes, levant la main droite, en baiſſant la pointe & la paſſant pardeſſous la garde de ſon Epée, lâchant ſubtilement le pied gauche par derriere le pied droit, le corps tourné entierement de face, préſentant le dos à l'ennemi, le bras droit tendu & le coup ſoutenu ſur la mamelle droite au dedans des Armes, la tête tournée ſur l'épaule droite pour obſerver, & enſuite revenir en Garde, en frapant le foible de la lame ennemie d'un coup ferme & ſec, la main haute & retournée de tierce.

Voyez, page 36.

VOYEZ CETTE FIGURE DE VOLTE SUR LES PASSES.

76.

Volte, sur les coups de tierce et sur les passes de tierce et de Seconde.

44.e planche

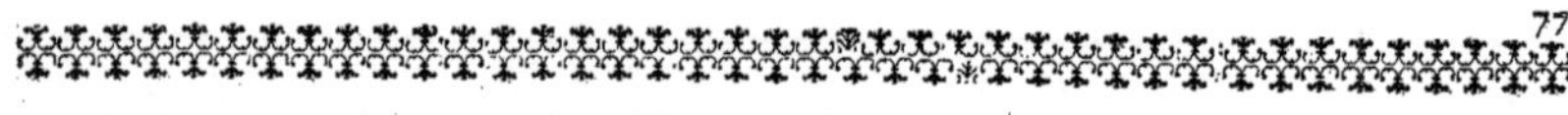

MANIERE

DE FAIRE TOMBER L'EPEE DE LA MAIN DE QUARTE.

L'ENNEMI s'abandonnant en tirant le coup de quarte au dedans des Armes, je fais parer du cercle, la main tournée quarte & élevée à la hauteur de la bouche avec la pointe basse, le corps en arriere ; & dans le temps du coup paré, je fais retourner la main subtilement de tierce sans la baisser, en frapant d'un coup ferme le foible de sa lame avec le fort du tranchant de l'Epée, toûjours la main tournée tierce, ce qui lui fait ouvrir les doigts & tomber l'Epée de la main.

Voyez ces deux manieres de parades, page 35. & page 36.

AUTRE MANIERE

DE FAIRE TOMBER L'EPE'E SUR LA TIERCE.

L'ENNEMI tirant à fond de tierce dehors des Armes, je fais parer de prime, la main élevée à la hauteur du front, la pointe basse ; & dans le temps du coup paré, je fais subtilement lever la pointe de l'Epée, & fraper avec le fort du tranchant sur le foible de la lame ennemie, un grand coup de foüet sec & court ; ce qui lui fait ouvrir les doigts & tomber l'Epée.

Voyez page 36. & page 37.

DESARMEMENT SUR LE COUP DE QUARTE AU DEDANS DES ARMES.

L'ENNEMI s'abandonnant en tirant le coup de quarte au dedans des Armes, je fais parer ſon Epée d'un coup ſec avec le fort du tranchant en ligne traverſante, apuyant deſſus ſa lame en en-bas, la main retournée de tierce, les ongles en deſſous, avançant le pied droit dans le même-temps, ſans faire ſuivre le pied gauche, jettant bruſquement la main gauche ſur ſa garde, la tenant ferme, le bras étendu, la ſoutenant en dehors des Armes, lui préſentant la pointe de l'Epée ſur le corps, pardeſſous ſon poignet, directement ſous la ligne du bras; & en cas de reſiſtance de la part de l'ennemi, je fais avancer le pied gauche auprès du droit dans ſa force, ou reculer le droit auprès du gauche, ſuivant l'occaſion, de ſorte qu'il ne pourra ſe deffendre de ceder ſon Epée, ou de courir riſque de perdre la vie.

VOYEZ LA FIGURE DU DESARMEMENT DE QUARTE.

Desarmement sur les coups de quarte au dedans des armes.
78.
45.e planche.

79. Desarmement sur le coup de tierce au dehors des armes.
46e. planche.

DESARMEMENT SUR LE COUP DE TIERCE AU DEHORS DES ARMES.

L'ENNEMI s'abandonnant en tirant la tierce au dehors des Armes, je fais parer d'un coup sec en croisant sa lame pardessous en ligne traversante, la relevant en l'air, & dans le même temps passer brusquement le pied gauche derriere son pied droit, en jettant de vitesse la main gauche sur sa garde, le bras étendu, lui renversant entierement le poignet en arriere, les ongles en dessus, tenant toûjours ladite garde d'Epée ferme, la pointe en en-bas, lui présentant la pointe sur l'estomach, le bras droit retiré en arriere, crainte qu'il ne saisisse votre lame, de telle sorte que son Epée se trouve sous votre bras gauche sans qu'elle puisse vous offenser, & il ne pourra se dispenser de vous l'abandonner.

Voyez pages 72. & 73.

VOYEZ LA FIGURE DU DESARMEMENT DE TIERCE.

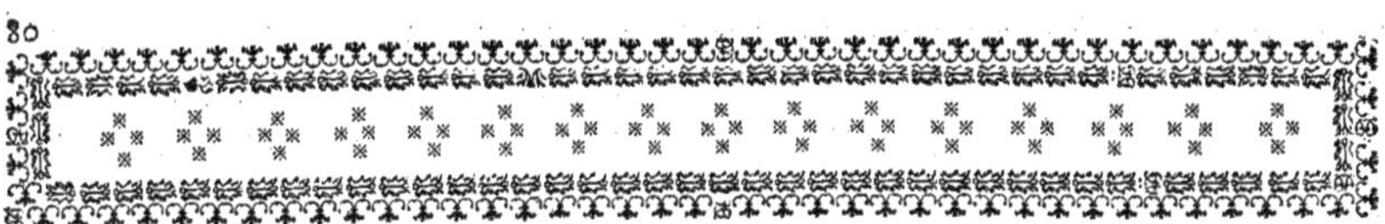

CONTRE CEUX QUI SAISISSENT LA MAIN

AU LIEU DE SAISIR LA GARDE DE L'EPE'E.

L'ENNEMI venant au ſaiſiſſement d'Epée ſur vous, étant abandonné ſur lui, & qu'au lieu de ſaiſir votre garde, il ne ſaiſiſſe que le bras ou la main droite, il faut dans ce cas jetter dans ce même-temps bruſquement la main gauche ſur le milieu de votre lame, en la quittant auſſi-tôt de la main droite, qu'il tiendroit ſaiſie, lui préſentant la pointe ſur le corps de ladite main gauche élevée avec le bras retiré en arriere, & ferme ſur ſes jambes.

VOYEZ LA FIGURE DE CETTE ATTITUDE.

80
Contre ceux qui saisisset. la main au lieu de saisir la Garde de l'Epée
47e. planche.

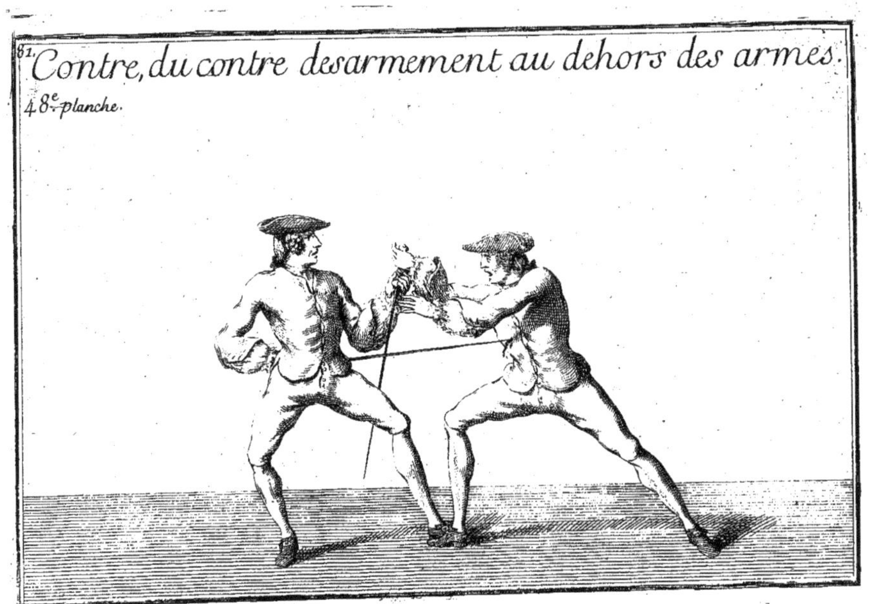

81. Contre, du contre desarmement au dehors des armes.

48e planche.

CONTRE DU CONTREDESARMEMENT
DE TIERCE DEHORS DES ARMES.

LORSQUE vous allez au désarmement de tierce au dehors des Armes, expliqué à la *page* 79. & que vous saisissez l'Epée de l'ennemi dans le principe, & qu'il veut dans le même-temps se jetter sur la votre, tenez toûjours sa garde ferme de la main gauche, le bras étendu, & sans changer d'Attitude ni retirer votre pied gauche de derriere son pied droit, il faut seulement retirer subtilement le bras droit en arriere, baissant la pointe de l'Epée & la passer derriere vous en la relevant, de sorte qu'apuyant le dessus de la main droite sur les reins, les ongles en dehors, la pointe de l'Epée se trouve sur le flanc de l'ennemi, qui est forcé d'abandonner la sienne ou de risquer de perdre la vie. Sur toute chose il faut être ferme sur ses pieds.

VOYEZ LA FIGURE DE CETTE ATTITUDE.

POUR SE DE'BARRASSER

DE CEUX QUI VOUS SAISISSENT PAR DERRIERE,

AYANT L'EPE'E A LA MAIN.

QUELQU'UN venant vous ſaiſir les deux bras par derriere, lorſque vous avez affaire l'Epée à la main contre un ennemi, dans ce temps il peut facilement vous ôter la vie, ſi vous ignorez la maniere de vous débarraſſer promptement ; pour y réüſſir je fais baiſſer la lame de l'Epée en paſſant la pointe ſubtilement entre les deux jambes, la relevant auſſi-tôt par derriere, rapprochant le pied droit du gauche, & baiſſant le corps bruſquement en devant; celui qui a ſaiſi par derriere, ſe trouvera l'Epée au travers du ventre, & ne manquera pas de quitter priſe ſur le champ, enſuite il faut relever l'Epée diligemment devant ſoy, pour faire tête à l'ennemi.

AVIS SALUTAIRE.

LES voltes, les passes, les doubles feintes & de prendre sur les temps, sont trop dangereux dans une affaire serieuse; c'est pourquoy attachez-vous à une bonne parade & une bonne riposte, & aux autres coups contenus en ce Livre.

OBSERVATION.

COMME les Gardes basses & les parades de la main gauche ne laissent point que d'être embarrassantes, il faut se tenir hors de mesure, & ne les attaquer que par des appels du pied, des demi bottes & petites feintes courtes, pour faire partir leur main gauche; & dans le même-temps qu'ils tirent, je fais parer en avançant & opposant la main, puis l'Epée faisant le tour de leur bras gauche, tirer à fond sur la poitrine; ensuite redoubler, toûjours la main opposée, & faire retraite l'Epée devant soy.

VRAY JEU DE L'EPE'E A LA MAIN
PREFERABLE A TOUT AUTRE.

IL ne faut se servir dans une affaire sérieuse que de bonnes parades seches & courtes, des ripostes fermes, avec oppositions de la main gauche dans le principe qu'il est expliqué *page* 35. 37. & 39. étant bien en Garde, la hanche droite extrêmément cavée, le corps baissé, les épaules effacées autant qu'il est possible, ferme sur ses pieds & l'Epée devant soy; dans cette Attitude on est en état de parer & de tirer à tous évenemens, sans quitter la lame ennemie, opposant toûjours la main gauche au devant du corps, comme il est dit, & sans baisser le poignet on peut avancer sur l'ennemi, soit qu'il tire ou non, en tirant ferme du fort au foible le long de la lame, tierce, quarte, dessus ou dessous les Armes, de bons battemens d'Epée secs, des demi-bottes, de petites feintes bien courtes & à propos, ce sera le moyen de vaincre & de se garantir dans le combat.

Voyez encore pour le vray Jeu de l'Epée à la main à la parade de prime, pages 37. *&* 39.

Garde basse, et parade de la main gauche en baissant

85.
Garde basse, et parade de la main gauche Combatuë.
50.e planche.
b
a

GARDE BASSE,

ET PARADE DE LA MAIN GAUCHE EN BAISSANT.

CEUX qui se mettent dans cette Garde, ont ordinairement le poignet bas, tenant leur Epée droite à côté de la cuisse, la pointe en avant, présentant tout à fait l'épaule gauche & le corps à découvert, négligeant de parer de leur Epée pour parer de la main gauche, en abaissant & jettant de côté les coups qu'on leur tire en ripostant de même-temps que le coup est paré, la main gauche opposée. *VOYEZ L'ATTITUDE DE CETTE GARDE.* A.

POUR COMBATTRE CETTE GARDE

EN VOICI LA MANIERE.

ETANT bien en Garde & entrant en mesure, je fais faire une feinte haute, la main tournée quarte, le corps bien en arriere & la hanche droite cavée; l'ennemi venant à parer de la main gauche en baissant le coup pour le jetter à côté de lui, je fais dans le même-temps baisser la pointe, la dégageant subtilement pardessus le bras gauche, & tirer ferme droit de tierce au dedans des Armes, en retournant les ongles en dessous, le coup bien soutenu sur la poitrine au dessus du bras gauche, en opposant la main à sa lame dans le principe qu'il est dit, *page 39.* crainte d'être frapé de même-temps, puis redoubler sans dégager, la main gauche toûjours opposée. *VOYEZ L'ATTITUDE POUR COMBATTRE CETTE GARDE.* B.

GARDE de l'Epée au poignard, avec parade en relevant les coups de la main gauche pardessus l'épaule, soit du poignard, soit d'une canne tenuë par le milieu, ou de ladite main gauche sans poignard ni canne.

DANS cette Garde, ils ont la tierce entierement effacée, le corps au milieu des deux jambes les jarrets pliés, la main droite tournée quarte, le bras étendu tenant l'Epée droite, la pointe en avant & un peu plus basse que le poignet, la main gauche abaissée à la hauteur de la ceinture, tenant le poignard la pointe panchée sur le pliant du bras droit ou le bout d'une canne tenuë par le milieu; & dans cette Attitude, ils ne parent que de la main gauche, du poignard ou de la canne, relevant les coups qu'on leur tire, en les jettant de côté pardessus l'épaule gauche, & ripostent de leur Epée dans le même-temps que le coup est paré. *FIGURE* A.

PARADE DE LA MAIN GAUCHE EN RELEVANT COMBATTUE.

POUR combattre la Garde de l'Epée au poignard, en entrant en mesure sur l'ennemi, je fais faire une feinte ou une demi botte de quarte haute, le corps en arriere sur la partie gauche; & lorsqu'il va à la parade pour jetter le coup pardessus l'épaule, avec la main gauche, le poignard ou la canne, & riposter, je fais dégager en même-temps la pointe de l'Epée, faisant le tour du bras par dessous, & tirer ferme dans le milieu de la poitrine au dedans des Armes, la main la premiere & tournée de quarte bien soutenuë dessous son bras gauche, dont il a manqué la parade, en opposant la main gauche comme il est dit *page* 39. en tirant le coup puis redoubler du coup repris. *VOYEZ LA FIGURE.* B.

86.
Garde de l'epée au poignard, parant les coups en relevant.
51e. planche.
b
a
Voyés les coups portés planche suivante

La parade du poignard Combatuë.
86.
52e. planche.
b
a

87. Parade de ceux qui tiennent leur Epée a deux mains.
53e planche.
b
a
Voyés le Coup frapé planche suivante.

87. Garde de ceux qui tiennent leur Epée a deux mains Combatuë.
54e. planche.
b
a

GARDE DE CEUX QUI TIENNENT LEUR EPE'E
A DEUX MAINS.

ILS ont le genou gauche tendu & le genou droit plié ; ils tiennent leur Epée à deux mains les bras en avant au dessus du genou droit, à la hauteur de la ceinture de la culotte, avec la pointe haute ; & dans cette Attitude ils parent ferme de tierce & de quarte, & lorsqu'ils veulent riposter, ils quittent l'Epée de la main gauche pour tirer les coups de la main droite, comme nous tirons ordinairement. *Voyez la Figure* A.

POUR COMBATTRE CETTE GARDE,
EN VOICI LA MANIERE.

ENTRANT en mesure, je fais faire une feinte à la tête de la pointe de l'Epée, ou une demi-botte ; & l'ennemi venant à la parade, je fais dégager subtilement de quarte, le poignet à la hauteur de l'épaule, le corps en arriere sur la partie gauche, comme pour achever le coup de quarte sur la poitrine, ou, ne manquant pas de parer ferme des deux mains, & même de faire un battement d'Epée, en quittant l'Epée de la main gauche pour riposter de quarte droite dans les Armes de la main droite, il faut parer sec & quitter sa lame en lui tirant le coup de quarte coupé sous la ligne du bras dans le principe, & redoubler de tierce à fond, faisant suivre le pied gauche, ensuite de seconde, puis faire retraite. *Voyez les Figures* A. & B.

GARDE ITALIENNE ORDINAIRE.

ILS ont le poignet droit élevé à la hauteur des épaules, & l'Epée tournée demi-quarte avec le bras plié, présentant la pointe vis-à-vis le bas ventre, les deux genoux pliés & le corps droit au milieu de leurs deux jambes, ils ont les mouvemens vistes, & tirent volontiers sur les temps, & même se servent de la parade de la main gauche; de sorte que ce Jeu est fort embarrassant. A.

POUR COMBATTRE LA GARDE ITALIENNE.

JE fais attaquer cette Garde hors de mesure, par des appels du pied & des demi-bottes de loin, en serrant le pied gauche derriere le pied droit, le corps en arriere & entierement porté sur la partie gauche, pour être en état de parer, avancer ou reculer à propos; & lorsque l'ennemi vient à tirer sur les temps, je fais parer ferme d'une parade seche & courte, & riposter du fort au foible le long de la lame, la main la premiere, opposant la main gauche en avançant dans le même-temps de la parade, ayant le poignet élevé & le bras étendu, puis redoubler des coups repris, tant au dedans qu'au dehors des Armes, ensuite faire retraite l'Epée devant soy.

VOYEZ LES FIGURES A. & B.

Garde Italienne.
88.
55.e planche.
b
a

Garde Italiene Combatuë.
88.
56.e planche
b
a

89.
Garde Allemande.
57e. planche.
b
a

GARDE ALLEMANDE ORDINAIRE.

LES Allemands se mettent en Garde, la main tournée les ongles en dessous & fort élevée, présentant la pointe au bas ventre de l'ennemi; ils ont le genou droit plié, & plusieurs ont le jarret gauche tendu, avançant la main gauche au devant du corps, dont ils parent & ripostent en même-temps. *Voyez* A.

POUR COMBATTRE
LA GARDE ALLEMANDE.

JE fais d'abord imiter cette Garde hors de mesure & engager la pointe de l'Epée au dehors des Armes, les ongles tournés en dessous, faisant de petits appels du pied, serrant imperceptiblement le pied gauche, pour entrer en mesure, sans que l'ennemi s'en aperçoive; & lorsqu'il fait un mouvement pour toucher l'Epée dehors des Armes, je fais dégager viste pardessus sa lame, & tirer ferme au dedans des Armes, du fort au foible, le poignet tourné quarte & soutenu en opposant la main gauche, puis redoubler du coup repris de prime sans dégager, toûjours la main opposée, & faire retraite en donnant un coup de fouet.

VOIEZ LES FIGURES A. *&* B.

GARDE ORDINAIRE DES ESPAGNOLS.

LES Espagnols se mettent en Garde tout droits sur leurs pieds, sans sortir de la même place, ils ont des Epées fort longues, présentant la pointe à la tête de l'ennemi, le poignet haut, ne parant les coups qu'on leur tire qu'en retirant le corps en arriere & esquivant le pied droit qu'ils remettent subtilement à côté du pied gauche, en tirant dans le même-temps droit aux yeux, étendans le bras droit. Il y en a aussi qui parent de la main gauche, & frapent des coups d'estramaçon sur la tête en s'abandonnant ; & ils recevroient le coup de seconde s'il étoit bien tiré vigoureusement dans le principe qu'il est dit, *pages* 23. & 24. *Voyez* A.

POUR COMBATTRE CETTE GARDE.

IL faut être d'abord hors de mesure, & dans la Garde expliquée *pages* 5. 6. & 7. n'attaquer que par des demi-bottes & des appels du pied en serrant la mesure.

VOYEZ LES FIEURES A. & B.

Garde ordinaire des Espagnols.
90.
59.e planche.
b
a

91.

Parade du coup Espagnol, tiré aux yeux.

60e. planche.

91. Risposte, apres le coup paré de l'Espagnol tire aux yeux.
61.e planche.

PARADE DU COUP ESPAGNOL TIRE' AUX YEUX.

JE fais attaquer, comme il est dit, par des demi-bottes & des appels du pied droit; & lorsqu'il retire le pied droit & le corps en arriere, étendant le bras pour tirer son coup aux yeux, dans le même-temps je fais parer d'un battement d'Epée ferme & court sur le foible de sa lame, avec le fort du tranchant en glissant dessus, & tirant subtilement de quarte droite au dedans des Armes, du fort au foible, le poignet haut & tourné les ongles en dessus, avançant sur lui & opposant la main gauche en la jettant brusquement sur la garde ennemie, redoublant du coup repris de prime sans dégager, & soutenu toûjours au dedans des Armes tenant sa garde ou la main gauche opposée à sa lame, dont il ne peut jouir facilement à cause de l'extrême longueur

VOYEZ LES FIGURES DU COUP PARE' ET DU COUP RIPOSTE'.

PARADE DU COUP D'ESTRAMAÇON PORTE' SUR LA TESTE.

E fais attaquer l'Eſpagnol de la même maniere qu'il eſt dit au coup des yeux, par des appels & des demi-bottes; & lorſqu'il retire le corps en arriere pour porter les coups d'eſtramaçon ſur la tête, je fais dans le même-temps lever le poignet haut, baiſſant la tête & oppoſer le fort du tranchant de l'Epée, tenuë roide depuis la pointe juſqu'à la garde, en ligne traverſante deſſous ſa lame, & tirer ferme de ſeconde deſſous les Armes, les ongles tournés en deſſous, faiſant le plongeon, la pointe plus baſſe que le poignet, puis avancer ſur lui, redoublant du coup de prime, toûjours le fort de l'Epée oppoſé à ſa lame, enſuite faire retraite l'Epée devant ſoy pour ſe remettre dans la Garde ordinaire. On peut même aller au ſaiſiſſement d'Epée, comme aux paſſes de tierce & de ſeconde.

Voyez pages 72. & 73.

VOYEZ LES FIGURES DE CE COUP PARE' ET DE LA RIPOSTE.

L'Eſpadon devenant en uſage en France, il n'eſt point inutile d'enſeigner la maniere de le combattre par la pointe, comme la ſuperieure & la plus noble de toutes les Armes.

Parade du coup d'estramasson, sur la teste, tiré par l'Espagnol. 92.

62e planche.

89.
Garde Allemande Combatüe
58.e planche.
b
a

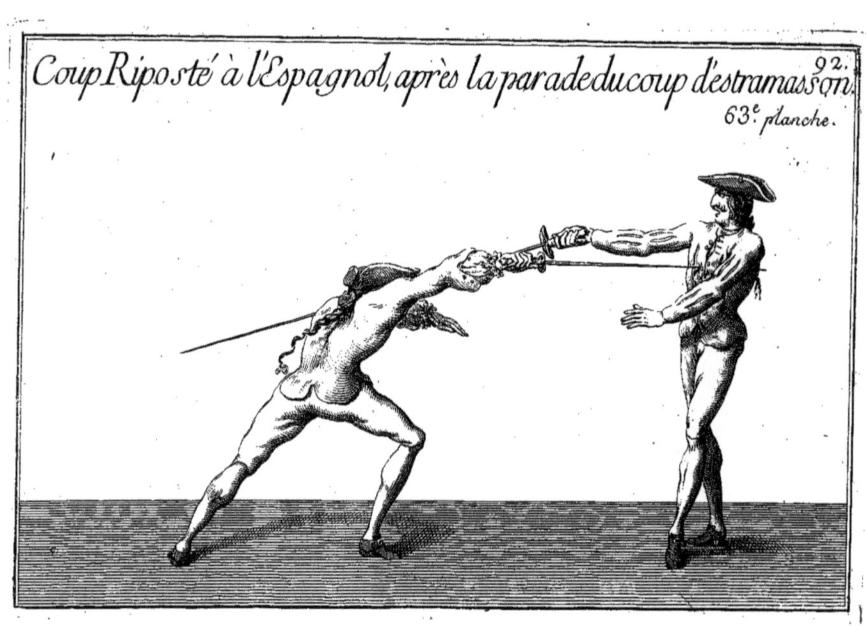
Coup Riposté à l'Espagnol, après la parade du coup d'estramasson.
92.
63.e planche.

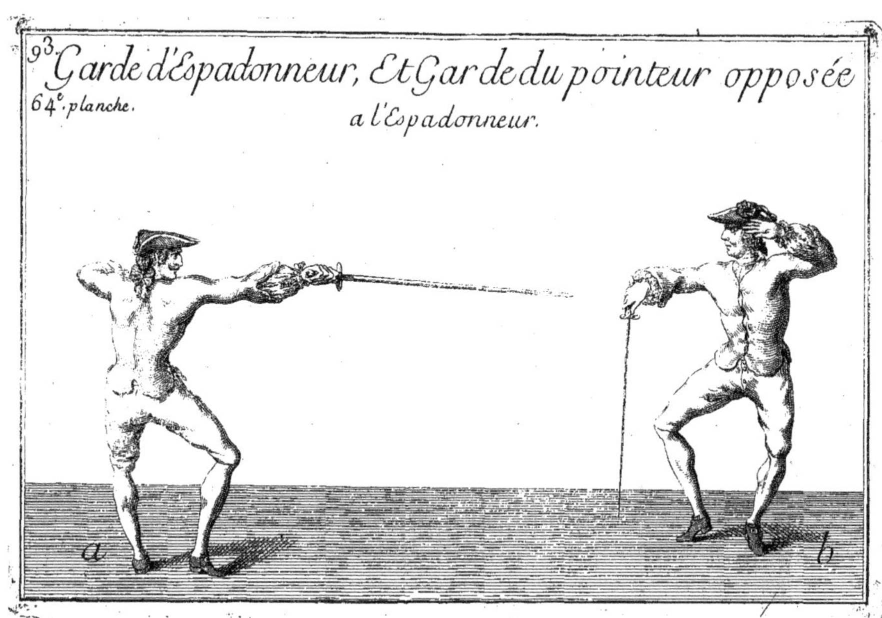
93. Garde d'Espadonneur, Et Garde du pointeur opposée
64e. planche.
a l'Espadonneur.
a
b

GARDE ORDINAIRE
DES MEILLEURS ESPADONNEURS.

ILS ont le corps retiré en arriere, la hanche droite extrêmément cavée, les deux talons serrés; c'est à dire, seulement écartés d'environ un demi-pied l'un de l'autre, avec les jarrets pliés, le bras droit tendu & élevé à la hauteur des épaules, la main tournée tierce les ongles en dessous, tenant leur Epée droite devant eux, présentant la pointe à la mamelle de l'ennemi; & lorsqu'ils ont affaire contre des Pointeurs, ils tirent volontiers les coups de poignet, de jambe, de tête & de ventre, mais principalement ceux de poignet & de jambe. *Voyez* A.

GARDE DU POINTEUR POUR COMBATTRE L'ESPADON.

LE Pointeur ayant affaire contre un Espadonneur, doit avoir le corps en arriere & hors de mesure, l'Epée non engagée, le bras droit retiré à soy, la main tournée tierce & la pointe basse à côté du bout du pied droit, sans néanmoins toucher le pied ni la terre, les épaules effacées, la hanche droite bien cavée, les deux jarrets pliés & les deux talons seulement écartés l'un de l'autre de la longueur d'une semelle, afin d'être en état de faire les mouvemens nécessaires.

VOYEZ LES FIGURES A. B.

Le Pointeur dans cette Garde peut encore tenir une canne de sa main gauche, le bras pendant à côté de sa hanche gauche, le bout de lad. canne en avant pour parer les coups de l'Espadonneur suivant l'occasion avec la canne, & riposter ferme de l'Epée dans le même-temps de la parade, droit au corps ou dans le visage, en suivant néanmoins les principes cy-après expliqués.

COUP DE POIGNET D'ESPADONNEUR

COMBATTU PAR LE POINTEUR.

LE Pointeur dans la Garde qu'il est dit, lorsque l'Espadonneur vient l'attaquer, doit rompre la mesure en tournant à sure & à mesure qu'il avance, serrant le pied gauche auprès du droit sans qu'il s'en aperçoive, faisant des appels du pied droit, & des mouvemens d'épaules, les jarrets pliés pour le faire partir, sans néanmoins avancer le bras ni la jambe droite en avant que très-peu, crainte d'être surpris; & l'Espadonneur venant à détacher le coup de poignet, il faut dans le même-temps retirer subtilement le bras & la jambe droite, baissant la main à côté de soy pour esquiver le coup, puis repasser aussi-tôt la jambe & le bras brusquement ensemble, & tirer de vitesse le coup de quarte dessus les Armes, le poignet partant ferme le premier, & le plus élevé qu'il sera possible retourné les ongles en dessus, la pointe au corps ou dans le visage, & redoubler de seconde ou de prime, passant la pointe sous la ligne du bras les ongles tournés en dessous, en baissant la tête, faisant le plongeon, la main toûjours fort élevée, ensuite faire retraite & se remettre dans la Garde ordinaire & hors de mesure. *V. p.* 31. *&* 32.

COUP DE JAMBE OU COUP DE JERNAC

COMBATTU PAR LE POINTEUR.

LE coup de jambe se pare de la même maniere que le coup de poignet, en esquivant l'un & l'autre, comme il est dit, à côté de la jambe gauche, l'Epée à côté de soy, & riposter pareillement, le poignet élevé, & ferme sur ses pieds.

VOYEZ LES FIGURES DES COUPS PAREZ ET RIPOSTEZ PAR LE POINTEUR.

Coup de poignet de l'Espadonneur, paré par le pointeur. 94.

65e. planche.

Voyés les deux planches suivantes.

Coup de jambe, ou coup de Jernac de l'Espadonneur, paré par le pointeur.

66e. planche.

Voyés la planche suivante pour la Riposte.

Riposte du pointeur, sur les coups de poignet, et les Coups de jambe de l'Espadonneur. 94. 67.e planche.

95.
68e. planche.
Parade du coup de teste ou d'Estramasson par le pointeur a l'Espadonneur.

95. Risposte du pointeur a l'espadonneur, apres le coup de teste paré.
69e planche.

OBSERVATION POUR COMBATTRE L'ESPADON, AVEC L'EPE'E DE POINTE.

LE Pointeur doit être muni d'une bonne lame, & lorſqu'il aura affaire contre l'Eſpadonneur, que ce ſoit dans un lieu étroit autant qu'il ſera poſſible ; s'il étoit obligé de le combattre dans quelque lieu ſpatieux, il doit obſerver de ne l'attaquer que par des demi-bottes, en tournant autour de lui, comme il eſt dit, *pages* 94. 98. & 99. ſi l'Eſpadonneur doubloit ou triploit ſes coups en avançant, le Pointeur feroit retraite, lui marquant de petites feintes, & ripoſtera à fond, droit au jour, en ſuivant la lame d'Eſpadon à toutes les occaſions. Si l'Eſpadonneur tiroit des coups de pointe, des coups aux viſage, ou des coups de ventre, le Pointeur parera de prime tous leſdits coups dans le principe qu'il eſt dit, *page* 96. & ripoſtera à fond droit de prime.

COUP DE TESTE OU COUP D'ESTRAMAÇON COMBATTU PAR LA POINTE.

LE Pointeur dans ſa Garde, l'Eſpadonneur venant à tirer le coup de tête, je fais oppoſer dans le même-temps le fort du tranchant de l'Epée, tenuë ferme depuis la pointe juſqu'à la garde en ligne traverſante deſſous ſa lame, le poignet haut, les ongles en deſſous tournés vis-à-vis lui, avec la pointe un peu plus baſſe que le poignet ; & le coup paré tirer bruſquement de ſeconde ou de prime, avançant ſur lui en faiſant le plongeon, la tête baſſe, puis redoubler ſans dégager ni changer de ſituation, avançant le pied droit & traînant le pied gauche, enſuite faire retraite pour ſe remettre dans ſa Garde ordinaire, l'Epée non engagée & hors de meſure. *Voyez encore pour ce coup*, *page* 92. *VOYEZ LES FIGURES.*

Ce coup ſe pare auſſi en retirant la tête en arriere, eſquivant comme à la page 94.

COUP DU VENTRE, COUP DU VISAGE,

ET LE COUP DE POINTE

COMBATTUS, PAREZ ET RIPOSTEZ PAR LE POINTEUR.

LE Pointeur dans la Garde opposée à l'Espadon & en mesure, lorsque l'Espadonneur vient à lui détacher le coup du ventre, coup du visage, ou tirer un coup de pointe, dans le même-temps je fais opposer le fort du tranchant de l'Epée, tenuë ferme depuis la pointe jusqu'à la garde, le poignet au dessus du front & tourné de prime, les ongles en dessous avec la pointe basse, le bras étendu, de sorte que la lame couvre tout le devant du corps & du visage, & soit entierement opposée à l'Espadon, ayant même la tête panchée sur l'épaule droite pour regarder l'ennemi en face. Le coup qu'il aura tiré étant paré, lui riposter aussi-tôt brusquement ferme le long de la lame, la main droite la premiere comme elle est tournée, & sans dégager, redoubler le coup de prime soutenu au dedans des Armes, en avançant sur lui, faisant suivre le pied gauche après le pied droit, ensuite se retirer en Garde, comme il est dit, *page* 93. & hors de mesure.

VOYEZ LES FIGURES de la parade & de la riposte.

Parade des coups de visage, de ventre et de pointes, 96.
par le pointeur a l'Espadonneur. 70.e planche.

Risposte de prime du pointeur apres avoir paré les coups de visage, de ventre, et de pointe a l'Espadonneur. 96. 71e. planche.

VOICY ENCORE DIFFERENS JEUX D'ESPADON, & differentes Gardes, dont il n'eſt point inutile d'enſeigner la maniere de les combattre avec l'Epée de pointe ſeule.

IL ſe trouve des Eſpadonneurs qui ſe mettent en Garde la main tournée tierce, avec la point baſſe, le bras droit étendu à la hauteur de l'épaule, & droits ſur leurs jambes.

D'autres ſe tiennent la pointe de leur Eſpadon haute, le poignet à la hauteur de la hanche & le corps retiré en arriere.

D'autres ſe tiennent le corps tout à découvert, tenant leur Epée droite à la hauteur de l'épaule, la pointe en avant, droits ſur leurs jambes, & la tierce toute effacée.

Et d'autres ſe tiennent en Garde, le bras droit retiré, la main à la hauteur du flanc gauche, la pointe de leur Eſpadon au dehors de l'épaule gauche, la hanche droite cavée, le jarret gauche tendu, le genou droit plié & les deux talons écartés l'un de l'autre de la longueur de deux ſemelles. *Voyez cette Garde*, A. *page* 98. *Figure* 72.

Voyez auſſi la Garde du Pointeur, B. *même Planche* 72.

Les Jeux deſdits Eſpadonneurs dont les Gardes ſont expliquées cy-deſſus, ſont de faire rouler à tours de bras leur Eſpadon, en avançant ou en reculant, faiſant de grands mouvemens pour avoir plus de force à fraper les coups ſimples ou coups doublés qu'ils veulent porter, ſoit du bas en haut, du haut en bas, ou en ligne traverſante.

GARDE DU POINTEUR

POUR COMBATTRE LESDITS JEUX D'ESPADONNEURS.

LE Pointeur doit avoir le bras droit pendant à côté de la cuisse, tenant son Epée droite, la pointe en avant, les ongles en dessus, les jarrets pliés, le corps en arriere porté sur la partie gauche, les talons écartés l'un de l'autre au plus de la longueur d'une semelle, & hors de mesure ; dans cette Attitude je fais attaquer l'Espadonneur, comme il est dit, *pages* 94. *&* 95. & lorsqu'il tire du bas en haut, le coup esquivé tirer ferme de quarte coupée dessous les Armes, de seconde ou de prime, s'il tire de haut en bas, tirer brusquement le coup de quarte haute, droit au corps ou dans le visage ; après le coup d'Epadon esquivé, & s'il tire en ligne traversante, parer comme à la page 96. & riposter de même prime.

VOYEZ LES FIGURES.

Le Pointeur dans cette Garde & celle de la page 93. peut encore, comme il est dit, parer les coups de l'Espadonneur avec une canne tenuë de la main gauche, & lui riposter ferme, droit au corps ou à la tête dans le même-temps de la parade, ou du coup esquivé, suivant l'occasion. Il n'y a point d'Espadonneur que cette maniere de combattre n'embarrasse fort.

98.
Garde d'Espadonneur, et Garde du pointeur
opposée a l'Espadonneur.
72e. planche
a
b

Coup de quarte coupée riposté dessous les armes par le pointeur, a l'Espadonneur.
98.
73e. planche.

98.

Coup de quarte haute risposté dessus les armes par le pointeur, a l'espadonneur.

74e. planche.

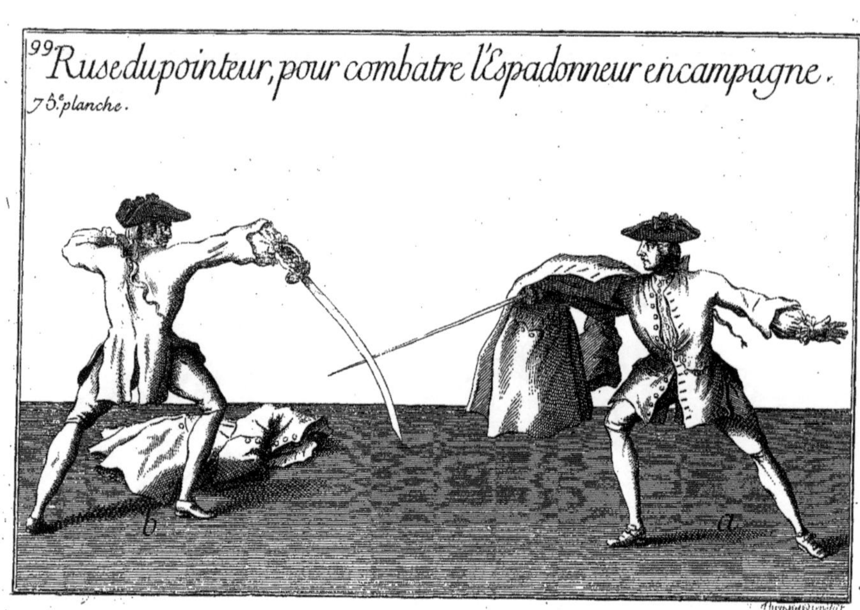
99
Ruse du pointeur, pour combatre l'Espadonneur en campagne.
75.e planche.
b
a

99. l'Espadonneur Combatu par le pointeur
76e. planche.
b
a

RUSE DU POINTEUR

CONTRE L'ESPADONNEUR EN CAMPAGNE.

LE Pointeur ayant affaire en campagne contre un Eſpadonneur, je fais moüiller un mouchoir dans l'eau & le plier en pluſieurs doubles, puis le mettre avec un gand dans le fond du chapeau; & l'ayant mis ſur ſa tête je fais retirer le bras gauche de la manche de ſon habit, le bras droit reſtant dans l'autre manche, & l'enveloper de tout le corps dudit habit, à la reſerve des baſques qui reſtent pendantes, pour ſe garantir le ventre & les jarrets; enſuite le Pointeur ſe met en Garde, le corps bas, avec la main haute & tournée de prime, les ongles en deſſous, la pointe baſſe & ferme ſur ſes pieds.

VOYEZ CETTE ATTITUDE. A.

Dans cette Garde, je fais attaquer l'Eſpadonneur par des demi-bottes & des appels du pied en tournant au tour de lui, & dans le même-temps qu'il détache un coup, tirer ferme de prime, la main haute, l'Epée opposée à ſa lame, en ſerrant la meſure, & redoubler pluſieurs coups ſoutenus ſans dégager, puis ſe retirer en Garde dans la même Attitude.

VOYEZ LA FIGURE DU POINTEUR ET DE L'ESPADONNEUR. A. B.

RUSE D'UN POINTEUR CONTRE LES FLEAUX BRISE'S, Fleaux à battre du grain & contre les Bâtons à deux bouts ; qui ſont des Armes très-dangereuſes, ſi on ne ſçavoit s'en deffendre.

LES Fleaux briſés ſont faits de cinq ou ſix bâtons, de la longueur d'environ un pied chacun, attachés bout à bout avec de petits chaînons de fer, & y ayant au dernier bout une boulle d'acier de la peſanteur d'une demi-livre ; de ſorte qu'un homme en va battre dix avec un Fleau briſé : car étant en train d'aller, il pare des pierres jettées à tour de bras.

MANIERE DE COMBATTRE LES FLEAUX ET BATONS.

ETANT en campagne & ayant malheureuſement affaire à ces ſortes d'Armes, il faut s'éloigner hors de leur portée & ôter ſon habit, ſous prétexte qu'il embarraſſe, puis le tenir par le milieu du dos avec la main gauche, toûjours reculant l'Epée à la main, & dans le temps que le Fleau ou le bâton fait le moulinet rapidement, étant à certaine diſtance, jetter de toutes ſes forces l'habit deſſus ladite Arme, qui arrêtera le moulinet, & auſſi-tôt ſe jetter bruſquement ſur l'ennemi, pour lui ôter ſon Arme, en lui préſentant la pointe de l'Epée ſur le corps. *VOYEZ LES FIGURES* A. & B.

Ces Armes ſe combattent encore étant hors de meſure, & que l'on peut avoir un foüet à la main, en allongeant le coup de foüet ſur leſdites Armes, dans le temps même du moulinet, & pareillement jettant quelque choſe de lourd bien attaché au bout d'une corde fine dans le moment du mouvement deſdites Armes.

Ruse du pointeur contre les fléaux brisés et autres.
100
77.e planche
b
a

PIQUES, HALLEBARDES,

BAYONNETTES AU BOUT DU FUSIL,

GRANDES FOURCHES ET BROCHES DE FER,

COMBATTUES PAR L'EPE'E DE POINTE.

SI un honnête homme étoit obligé d'avoir affaire à ces sortes d'Armes, il se tiendra dans la Garde ordinaire, expliquée, *page 5. & pages suivantes*, en effaçant bien sa tierce, & lorsqu'on viendra à tirer à bras racourci sur lui, je le fais dans le même-temps parer en bandoliere avec le fort du tranchant de l'Epée, d'un coup ferme depuis la pointe jusqu'à la garde, en racourcissant un peu le bras, la main tournée de quarte, les ongles en dessus, jettant le coup de Pique de côté en en-bas, & coulant brusquement aussi-tôt le pied gauche par derriere le pied droit de la longueur d'une semelle, esquivant le corps en tournant à gauche dans le même-temps de la parade, pour avoir plus de force à parer le coup, lequel aussi-tôt paré, jetter subtilement la main gauche sur ladite Arme, le bras tendu pour l'éloigner de soy, avançant sur l'ennemi, en lui

SUITE DES PIQUES, HALLEBARDES, FOURCHES DE FER,

COMBATTUS DE L'EPE'E DE POINTE.

présentant la pointe de l'Epée sur le corps, tenant toûjours ferme ladite Arme de la main gauche écartée du corps; & s'il se trouve absolument forcé, tirer le coup de quarte à fond.

VOYEZ LES FIGURES des trois Planches suivantes.

LESDITS coups de Piques, Hallebardes & Fourches de fer, peuvent encore se parer de la parade de prime, expliquée, *pages* 37. *&* 39. avec la pointe basse, en esquivant le corps, comme il vient d'être dit, & coulant dans le même-temps le pied gauche par derriere le pied droit de la longueur d'une semelle, opposant la main gauche dans le principe desdites pages 37. & 39. & le coup paré jetter subtilement ladite main gauche sur l'Arme, le bras étendu, puis repasser le pied gauche à côté du pied droit, en présentant la pointe sur le corps de l'ennemi, ou lui tirer le long de ladite Arme droit de prime.

102

Garde opposée aux piques, halebardes, bayonnettes au bout du fusil &c.

78e. planche

Voyés la parade, et le Coup riposté aux deux premieres planches suivantes.

Parade des coups de piques, halebardes bayonnettes au bout du fusil &c. 102

79.e planche.

102

Coup, riposté apres la parade des coups de piques, halebardes &c.

80e. planche

103.
Garde pour combatre ceux qui n'ont point appris a tirer des armes
81e. planche.

POUR COMBATTRE
CEUX QUI N'ONT POINT APPRIS
A TIRER DES ARMES.

IL se trouve des perſonnes qui n'ont jamais apris à tirer des Armes, & qui tirent rapidement à bras racourci, en avançant toûjours ſur vous ſans aucune meſure, ce qui ſeroit fort dangereux, ſi on ne ſçavoit ſe garantir : & voici la maniere de les combattre ; je fais caver la hanche droite extrêmément, le corps bien en arriere & effacer entierement la tierce, ayant la main droite à la hauteur de l'épaule, & tournée demi-quarte, préſentant la pointe en avant; & lorſque l'ennemi vient à tirer à bras racourci, il faut parer ferme en bandoliere depuis la hauteur de l'épaule juſques vis-à-vis le bouton de la culotte, du fort de l'Epée, tenuë roide depuis la pointe juſqu'à la garde, retirant le bras à ſoy, oppoſant la main gauche en avançant dans le même-temps de la parade, un grand pas ſur l'ennemi, ladite main oppoſée comme à la page 39. & tirer ferme de quarte droit au corps, ou aller au deſarmement de quarte. *Voyez page* 78. Il faut ſur toutes choſes, parer de la forte leſdits Jeux en avançant ſur eux, la main gauche oppoſée, attendu qu'ils ne peuvent plus dégager leur Epée.

VOYEZ LES FIGURES.

AVIS POUR BIEN SE COMPORTER DANS L'ART DES ARMES.

SÇAVOIR,

COMME la plus grande partie des jeunes Gens qui aprennent à tirer des Armes, se laissent emporter à une boüillante ardeur, sans faire attention aux bons principes qui leur sont enseignés par les Maîtres, veulent fraper leur adversaire sans prévoir le danger où ils s'exposent d'être frapé de même-temps; il faudroit conséquemment des Volumes entiers pour leur démontrer combien la prudence est nécessaire, pour posseder l'Art des Armes dans sa perfection; c'est ce qui m'a donné lieu, pour abreger, de donner les avis suivans.

PREMIEREMENT.

Ne vous mettez point en Garde dans la mesure de l'ennemi, pour n'être point surpris.

II.

Ne soyez point prévenu à votre faveur; car l'habileté d'un autre peut surpasser la votre.

III.

Ne faites point de temps inutiles, crainte d'être surpris par l'ennemi.

IV.

Il faut feindre d'aprehender un entreprenant, pour l'obliger à vous donner occasion de le surprendre.

V.

Il faut dans votre Garde, que tous les mouvemens ſoient oppoſés à ceux de l'ennemi.

V I.

L'habileté conſiſte à cacher ſon deſſein & à découvrir celui de l'ennemi pour en profiter.

V I I.

Si vous avez affaire contre un timide, attaquez-le vigoureuſement, c'eſt le moyen de le mettre en deſordre.

V I I I.

Attachez-vous à reſter de pied ferme, à avancer & à reculer à propos.

I X.

Dans une affaire ſérieuſe la parade eſt excellente, mais les habiles Gens combattent plus de tête que de la main.

X.

Pour acquerir l'expérience des Armes, il faut avoir l'application & la pratique.

X I.

La perfection des Armes conſiſte en cinq qualités néceſſaires, qui ſont inſéparables; ſçavoir, la connoiſſance, la viteſſe & la juſteſſe d'accord avec l'œil & la main.

X I I.

Et ſi vous êtes aſſez heureux de poſſeder l'Art des Armes dans ſa perfection, que ce ſoit pour être plus ſage, afin de ne jamais tirer l'Epée, comme il eſt déja dit, que pour le ſervice du Roy, le ſoutien de la Religion, & pour la deffenſe de votre vie.

EXPLICATION SUR LES PASSES, ET SUR LES VOLTES EN GENERAL.

SÇAVOIR,

COMME les Passes & les Voltes se font de tant de manieres differentes, il seroit difficile d'en démontrer tous les mouvemens, attendu que cela m'auroit obligé à faire nombre de répétitions, & à des Planches d'Attitudes qui seroient inutiles, ne signifiant toûjours que la même chose; c'est pourquoy j'ay cru qu'il suffisoit de démontrer les passes du dedans, du dehors & dessous les Armes, ainsi que les voltes sur les dégagemens de quarte & de tierce, & d'avertir que les passes & les voltes en géneral, se font au pied levé sur ceux qui partent du corps en avant, sur ceux qui font de grands dégagemens, sur ceux qui forcent l'Epée, sur ceux qui font de grands battemens d'Epée, le corps en avant, en quittant subtilement leur lame pour passer ou volter : & enfin les passes & saisissemens d'Epée, sur ceux qui voltent mal à propos, & les voltes sur ceux qui passent mal à propos. *Voyez page* 71.

AVERTISSEMENT POUR LES GAUCHERS.

JE n'ay point fait de Chapitre dans ce Traité pour enseigner à tirer des Armes à gauche, attendu que j'aurois été obligé de faire des répétitions inutiles & superfluës, n'y ayant qu'à changer tous les coups du dedans au dehors des Armes, & ceux du dehors au dedans; c'est à dire, que les droitiers qui auront affaire à des gauchers, tireront la quarte au dehors des Armes, & la tierce au dedans, ainsi de même des autres coups, & pareront à l'ordinaire.

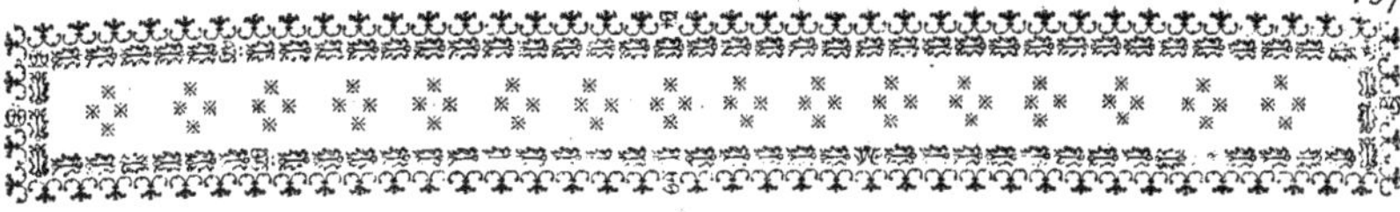

METHODE
QUE LE SIEUR GIRARD
PRATIQUEROIT POUR ENSEIGNER
L'EXECUTION DES TROIS PARTIES
CONTENUS DANS CE TRAITE' D'ARMES.

PREMIEREMENT.

IL commenceroit par faire poster son Ecolier dans la Garde expliquée *page 5. & pages suivantes* de la premiere Partie.

II.

Le faire étendre autant qu'il seroit possible, lui faisant tourner la main droite de quarte & de tierce, la tête, le corps, les bras & les jambes postés dans le principe.

III.

Le faire retirer en Garde ſans baiſſer le poignet, ayant toûjours le pied gauche ferme à plat à terre, & la hanche droite cavée.

IV.

Etant en Garde, lui faire approcher les deux talons l'un de l'autre, roidiſſant les jarrets, s'élevant droit ſur ſes pieds, le poignet droit tourné les ongles en deſſous devant le milieu du corps, la pointe de l'Epée baſſe & le bras gauche pendant à côté de ſoy.

V.

Etant ferme ſur ſes pieds, lui faire lever les deux bras, & paſſer le poignet droit d'abord au deſſus de l'oreille gauche, les ongles tournés en deſſous, le bras en demi-cercle, paſſant la lame pardeſſus l'épaule gauche, faiſant le cercle par derriere la tête, étendant en même-temps le bras, lâchant le pied gauche en arriere de la longueur de deux grandes ſemelles ſans remuer le pied droit, puis ſe remettre dans la Garde qu'il eſt dit.

VI.

Après lui avoir fait faire pluſieurs fois la même choſe, le faire fraper du pied droit, le corps porté ſur la partie gauche.

VII.

Etant ferme ſur ſes jambes, lui faire avancer le pied droit devant, faiſant ſuivre le pied gauche, & dégager l'Epée, le poignet tourné quarte en tierce, les ongles en dessous, & de tierce en quarte, les ongles en dessus; ce qui s'appelle dégager, marcher de tierce; & dégager, marcher de quarte.

VIII.

Le faire reculer à grand pas le pied gauche le premier, faisant suivre le pied droit après le gauche, le corps ferme & porté sur la partie gauche.

IX.

Lui faire parer la tierce & la quarte avec le fort du tranchant de l'Epée du dedans des Armes, reculant à fur & à mesure qu'on avance sur lui en dégageant; ce qui s'appelle rompre la mesure & parer de tierce & de quarte.

X.

Le faire parer du même tranchant d'Epée la tierce & la quarte, retirant le bras à soy en rejettant les coups de côté en en-bas; c'est à dire, parer sec en bandolliere & de toute l'Epée, les épaules effacées, le corps en arriere & la hanche droite cavée.

XI.

Lui faire lever l'Epée plusieurs fois, & la rabaisser pour se remettre en Garde de bonne grace, en frapant du pied droit chaque fois, ayant le pied gauche ferme & à plat par terre, le jarret gauche plié, le corps en arriere, & soutenu sur la partie gauche; dans cette Attitude le faire tirer & parer souvent au mur.

XII.

Lui faire faire le Salut d'Armes dans le principe qu'il est dit, *page* 10. & le faire tirer le long de la lame du fort au foible sans forcer de quarte, de quarte coupée, de tierce, de seconde & de flanconnade, avec les parades desdits coups.

XIII.

Lui faire faire des retraites & rentrer en mesure dans le principe qu'il est dit, *pages* 28. & 30. & des appels du pied droit, avancer, reculer & rester de pied ferme à propos, avec les parades du cercle, opposition de la main gauche & contredégagemens, tentemens d'Epée & coulés sur la lame.

XIV.

Lui faire faire généralement toutes les feintes, simples, doubles, en trois temps, battemens d'Epée, coupés sur pointe, demi-bottes, coups repris, coups d'Epée perdus, prendre sur les temps; les passes, saisissemens d'Epée, demi-voltes, voltes, desarmemens, lorsque l'Ecolier seroit en état de répondre à tous les mouvemens nécessaires pour acquerir la perfection des Armes, & sur tout, revenir toûjours à l'Epée ennemie à chaque mouvement.

FIN de la Troisiéme Partie des Armes.

110
Tambours, et haut bois militaire.
82e planche.

SALUT D'ESPONTON.

RIEN n'ayant plus de connexité à l'Epée que l'usage de l'Esponton; c'est ce qui m'oblige après avoir traité de l'Epée de pointe, de donner la Méthode pour apprendre les Saluts de l'Esponton, de la maniere qu'ils se pratiquent aujourd'hui dans l'Art Militaire; ce que je ferai le plus intelligiblement, & avec le plus d'abreviation qu'il me sera possible.

EXEMPLE.

MESSIEURS les Officiers d'Infanterie placés dans une Ville ou dans quelqu'autres Postes, lorsqu'ils mettent leurs Gardes en haye, doivent être à la droite de la premiere file ou à la tête de la Troupe, & saluer le Roy, les Princes du Sang, les Officiers Généraux & Gouverneurs, venans à passer devant lesdites Gardes; ils doivent également saluer en marchant à la tête d'une Troupe passant devant eux. Je commencerai par démontrer le Salut d'Esponton à la tête d'une Garde en haye, ensuite celui à la tête d'une Troupe en marchant.

SALUT DE L'ESPONTON

A LA TESTE D'UNE GARDE EN HAYE.

PREMIEREMENT.

L'OFFICIER doit avoir son hausse-col & son chapeau mis de bonne grace, le corps & la tête droite, & regarder devant lui, les épaules effacées, posé ferme sur ses jambes, les jarrets tendus avec les talons égaux sur la même ligne, & écartés l'un de l'autre de la longueur d'une semelle, le bras gauche pendant d'un air aisé, tenant son Esponton ferme de la main droite, le pouce apuyé dessus, le bras étendu à la hauteur des épaules, le bout dudit Esponton à terre de droite ligne vis-à-vis le bout du pied droit & à distance d'une semelle, la pointe droite en haut.

VOYEZ LA FIGURE DE CETTE ATTITUDE. A.

Officier d'jnfanterie a la teste d'une Garde en haye.
112.
83.e planche.
a

113.
Salut de l'Esponton arresté.
84e. planche.
b

SUITE DU SALUT D'ESPONTON

ARRESTÉ.

SECONDEMENT.

LORSQUE les personnes que doit saluer l'Officier sont à sept ou huit pas de lui, il doit commencer son Salut de la sorte; c'est-à-dire, faire un à-droite en tournant le corps ferme sur le talon gauche sans le remuer de place, passant le pied droit à côté du gauche, les talons sur la même ligne, & à pareille distance d'une semelle, portant en même-temps la main gauche à l'Esponton à distance d'un pied au dessous de la main droite, faisant pancher la pointe en dehors des Armes du côté de l'épaule droite, les deux bras étendus, la main droite à la hauteur de l'épaule, les ongles en dessus & la main gauche à la hauteur du flanc, les ongles en dessous; de sorte que ledit Esponton soit en ligne traversante de l'épaule droite au flanc.

VOYEZ LA FIGURE DE CETTE ATTITUDE. B.

SUITE DU SALUT D'ESPONTON ARRESTE'.

TROISIE'MEMENT.

De ſuite il releve l'Eſponton en paſſant la main droite à deux pieds au deſſous de la main gauche, qu'il renverſe les ongles en deſſus en la rabaiſſant à la hauteur du flanc, tenant toûjours la main droite à la hauteur de l'épaule, les ongles renverſés en deſſous, le corps ferme & les bras étendus, baiſſant la pointe à la hauteur d'un pied de terre environ.

VOYEZ LA FIGURE DE CETTE ATTITUDE. C.

QUATRIE'MEMENT.

De ſuite il releve la pointe apuyant la main droite ſur le bout de l'Eſponton, ſoutenu de la main gauche, & prend de ſadite main droite l'Eſponton à deux grands pieds au deſſus de la main gauche, en quittant auſſi-tôt cette main gauche, il fait dans le même-temps un à-gauche & ſe retrouve dans ſa premiere place, le bras droit tendu à la hauteur de l'épaule, & l'Eſponton en droite ligne, comme il eſt dit, en portant la main gauche au chapeau, de bonne grace, le coude élevé.

VOYEZ LA FIGURE D.

Suite du Salut de l'esponton arresté
114.
85.e planche.
c
d

115.
Suite du Salut de l'Esponton arresté.
86e planche.
C

SUITE DU SALUT D'ESPONTON ARRESTE'

CINQUIE'MEMENT.

De suite, étant dans sa premiere Attitude, la main gauche portée au chapeau, il l'ôte de dessus sa tête & le laisse tomber sur sa cuisse, les ongles en dessous, tirant en même-temps le pied gauche derriere le talon droit, faisant une inclination de tête d'un air aisé avec un arondissement de corps, depuis les épaules jusqu'aux reins, se sontenant ferme de la main droite sur l'Esponton, toûjours debout & à droite ligne du pied droit, le bras un peu plié, puis il se releve aisément, avec douceur, sans remettre son chapeau qu'à propos.

VOYEZ LA FIGURE DE CETTE ATTITUDE. E.

A OBSERVER.

Que l'Officier ne doit point remetre son chapeau, que les personnes qu'il a saluées ne soient passées & un peu éloignées de lui.

SALUT DE L'ESPONTON

EN MARCHANT

A LA TESTE D'UNE TROUPE D'INFANTERIE.

PREMIEREMENT.

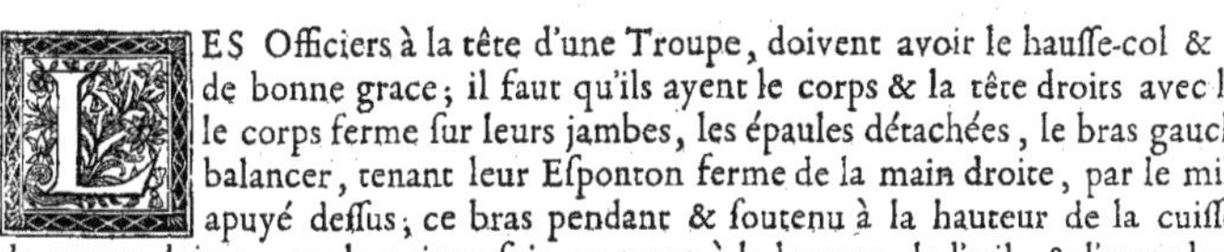

LES Officiers à la tête d'une Troupe, doivent avoir le hausse-col & le chapeau mis de bonne grace; il faut qu'ils ayent le corps & la tête droits avec le regard assuré, le corps ferme sur leurs jambes, les épaules détachées, le bras gauche pendant sans balancer, tenant leur Esponton ferme de la main droite, par le milieu, le poulce apuyé dessus; ce bras pendant & soutenu à la hauteur de la cuisse, & à distance de quatre doigts, que la pointe soit en avant à la hauteur de l'œil, & l'autre bout à la hauteur d'un pied de terre environ; & dans cette Attitude, ils observeront dans toutes les marches à partir toûjours du pied gauche le premier.

VOYEZ LA FIGURE DE CETTE ATTITUDE. A.

Officier marchant a la teste d'une troupe d'Infanterie. 116.
87.e planche.
a

117.
Salut de l'Esponton en marchant.
88e. planche.
1r pas.
2e. pas.

SALUT DE L'ESPONTON
EN MARCHANT.

LES Officiers doivent obſerver, lorſqu'ils ſont à ſept ou huit pas des perſonnes qu'ils doivent ſaluer, de commencer leur Salut de la ſorte, en partant du pied gauche le premier, comme il eſt dit, les jarrets tendus & le corps ferme. Dans ce Salut il y a ſept pas à obſerver exactement.

PREMIEREMENT.

Ils levent d'abord leur Eſponton aiſément, le mettant à plat ſur l'épaule droite, la pointe par derriere, dans le même-temps qu'ils paſſent le pied gauche en avant, la main tenant l'Eſponton écartée d'un demi pied de l'épaule, avec le coude élevé à la même hauteur de l'Epaule, ayant le bras gauche pendant ſans balancer. *VOYEZ CETTE ATTITUDE DU PREMIER PAS.*

II.

De ſuite ils repaſſent le pied droit, le jarret tendu, le corps ferme, portant ſubtilement la main gauche à l'Eſponton, environ à un pied de diſtance de la main droite, le coude gauche élevé, préſentant devant eux l'Eſponton en ligne traverſante, les bras étendus, la main droite à la hauteur de l'épaule, tournée les ongles en deſſus, & la gauche à la hauteur du flanc, tournée les ongles en deſſous. *VOYEZ L'ATTITUDE DU DEUXIÉME PAS.*

SUITE DU SALUT DE L'ESPONTON EN MARCHANT.

TROISIE'ME.

DE fuite, ils paſſent le pied gauche devant le pied droit tournant le corps, en faiſant un à-droite, dans ce même-temps relevent la pointe de l'Eſponton, quittant la main droite, ils la portent auſſi tôt à deux pieds au deſſous de la main gauche, tenant un inſtant ledit Eſponton debout devant eux, le bras gauche tendu à la hauteur du hauſſe-col, & le bras droit pendant en en-bas de ſa longueur & écarté du corps autant qu'il eſt poſſible ſans être gêné.

VOYEZ CETTE ATTITUDE DU TROISIE'ME PAS.

IV.

De ſuite, ils repaſſent le pied droit en avant, toûjours le corps tourné, & renverſant la main gauche les ongles en deſſus; abaiſſant cette main à la hauteur du flanc, & élevant la main droite les ongles en deſſous à la hauteur de l'épaule, laiſſant baiſſer la pointe de l'Eſponton à un pied de terre, de bonne grace & ſans être gênez.

VOYEZ LA FIGURE DE L'ATTITUDE DU QUATRIE'ME PAS.

Suite du Salut de l'Esponton en marchant.
118.
89e planche
3e pas.
4e pas.

119.
90e planche.
Suite du Salut de l'Esponton en marchant.
5e pas.
6e pas.

SUITE DU SALUT DE L'ESPONTON

EN MARCHANT.

CINQUIE'ME.

DE ſuite, ils paſſent le pied gauche devant le pied droit, retournant le corps à gauche dans leur premiere Attitude, apuyant la main droite ſur le bout de l'Eſponton, ſoutenu de la main gauche en relevant la pointe droite, ils portent dans le même-temps la main droite, dont ils prennent l'Eſponton à un pied au deſſus de la main gauche, qu'ils quittent auſſi-tôt en étendant le bras droit à la hauteur de l'épaule, tenant ledit Eſponton ſans laiſſer toucher le bout à terre.

VOYEZ L'ATTITUDE DU CINQUIE'ME PAS.

VI.

De ſuite, ils paſſent le pied droit devant le pied gauche, marchant devant eux ſans tourner lec orps, en mettant l'Eſponton à plat ſur l'épaule droite de bonne grace la pointe derriere, le coude élevé à la hauteur de l'épaule & la main écartée de quatre doigts, les ongles en deſſous, portant dans le même-temps la main gauche au chapeau, le coude élevé à la hauteur de l'épaule.

VOYEZ L'ATTITUDE DU SIXIE'ME PAS.

SUITE DU SALUT DE L'ESPONTON EN MARCAHANT.

SEPTIE'ME.

De suite l'Esponton étant à plat sur l'épaule, ils ôtent le chapeau aisément de ladite main gauche, la baissant au long de la cuisse gauche, la main tournée les ongles en dessous, dans le même-temps qu'ils passent le pied gauche sur la pointe du pied devant le droit, le jarret tendu, & qu'ils font une inclination de tête avec un arrondissement de corps, regardant d'un ia rgrave & gracieux les personnes qu'ils saluent.

VOYEZ L'ATTITUDE DU SEPTIE'ME PAS & dernier du Salut de l'Esponton en marchant.

Les Officiers après avoir salué, se relevent avec douceur, tenant toûjours l'Esponton sur l'épaule en remettant leur chapeau de bonne grace, lorsqu'ils sont un peu éloignés des personnes qu'ils ont saluées; puis pour se remettre dans leur premiere Attitude, ils relevent la pointe de l'Esponton droite, apuyant l'autre bout à terre, étendant le bras droit à la hauteur de l'épaule, & repassent aisément la pointe devant eux à la hauteur de l'œil, & l'autre bout à un pied de terre, dans le même-temps qu'ils passent le pied droit devant le gauche, pour continuer de marcher à la tête de leur Troupe. *VOYEZ L'ATTITUDE* 8.

A OBSERVER.

Lorsque les Officiers marchent à la tête de leur Troupe, rencontrant quelqu'un, qu'ils ne soient pas dans l'obligation de saluer de l'Esponton, ils peuvent saluer seulement du chapeau, de la même maniere qu'il est expliqué au septiéme pas; quoyqu'ayant l'Esponton à côté de la cuisse droite, & ôtant le chapeau, il faut que le pied, l'inclination de tête & l'arrondissement de corps, se fassent dans le même-temps.

Suite du Salut de l'Esponton en marchant.
120.
91.e planche.
Et 7.e pas du Salut.
8.e et premiere figure de la marche.

SUITE POUR LE SALUT D'ESPONTON ET LA MARCHE.

S'IL y avoit des perſonnes à droite & à gauche, que les Officiers fuſſent dans l'obligation de ſaluer du chapeau, après avoir fait le premier Salut du pied gauche, de la façon qu'il vient d'être expliqué, ils feront deux pas grâves avant de commencer à ſaluer du pied droit, enſuite paſſeront le pied droit ſur la pointe du pied, qui ſera le troiſiéme pas, en ôtant le chapeau de bonne grace, faiſant l'inclination de tête & l'arrondiſſement de corps, puis ſe releveront avec douceur, comme il eſt dit, & continueront après deux pas graves, à repaſſer le pied gauche, pour ſaluer s'il eſt beſoin, toûjours le corps ferme & les jarrets tendus.

SUITE POUR LE SALUT D'ESPONTON ET LA MARCHE.

MESSIEURS les Officiers obſerveront, lorſqu'ils marcheront l'Eſponton à la main à la tête d'une Troupe, & qu'ils ſeront obligés de tourner à droite ou à gauche, de tourner avec douceur ſur le talon gauche, les jarrets tendus & le corps ferme, afin de conſerver la diſtance qu'ils doivent avoir devant leurdite Troupe, & de ne tourner qu'en même-temps.

FIN du Salut de l'Eſponton en marchant à la tête d'une Troupe.

123. Mousquetaire ou fusilier, ayant le fusil sur l'Epaule.

92e. planche.

EXERCICE DU FUSIL.

MANIERE DE COMMANDER ET DE FAIRE L'EXERCICE DU FUSIL, TEL QU'IL SE PRATIQUE AUJOURD'HUI DANS L'ART MILITAIRE DE FRANCE.

PREMIEREMENT.

CHAQUE Mousquetaire ou Fusilier doit avoir son chapeau mis de bonne grace, ayant le corps & la tête droits, & ferme sur ses jambes, les deux talons en droite ligne à côté l'un de l'autre, & écartés à distance de la longueur d'une semelle, le bras droit pendant à côté de la cuisse, d'un air aisé, le Fusil sur l'épaule gauche, près de la sous-gachette, tenu de la main gauche à quatre doigts du bout de la crosse, qui doit être un peu tournée en dedans, & regarder le creux de l'estomach, le coude abaissé & apuyé contre lui. Dans cette Attitude il doit observer sa droite & la gauche avec attention, & écouter le commandement afin de faire tous les mouvemens en même-temps que la Troupe entiere.

VOYEZ CETTE ATTITUDE du Fusil sur l'épaule.

La Troupe étant arrivée ſur la Place deſtinée à faire l'Exercice, & rangée en Bataille, chacun des Fuſiliers ſerrés à côté l'un de l'autre en droite ligne, dans l'Attitude qu'il eſt dit, avec les rangs à diſtance ordinaire, & les Officiers à la tête ;

Le Major ayant l'ordre de faire faire l'Exercice, vient ſur la Place d'Armes, où eſt la Troupe, & dit à haute voix : MESSIEURS LES OFFICIERS, ON VA FAIRE L'EXERCICE, en même-temps les Tambours battent ſur leur Caiſſe ; ce qui ſe nomme *rappeller*.

Les Tambours ayant ceſſé de battre ſur leur Caiſſe, le Major dit d'une voix haute en parlant à la Troupe : FUSILIERS, PRENEZ GARDE A VOUS ; puis il commande de faire à droite ou à gauche ſuivant la commodité du terrain.

La Troupe ayant obéi, le Major dit : OUVREZ VOS FILES A UN PAS DE DISTANCE. Enſuite il dit : MARCHE. Et après avoir marché ſuffiſamment pour être à un pas de diſtance l'un de l'autre ;

125.
Officier d'Infanterie et drapeau a la teste du Bataillon.
93. planche.

Il dit : ALTE. Enſuite il dit : REMETTEZ-VOUS. Et les rangs étant bien alignés de tous côtés par les Sergens de chaque Compagnie, les Officiers paſſent derriere la Troupe avec les Drapeaux au travers des intervalles, pendant que les Tambours rappellent pour la ſeconde fois.

VOYEZ LES FIGURES D'OFFICIERS ET DU DRAPEAU.

Les Officiers étant paſſés derriere la Troupe avec les Drapeaux, & les Sergens diſperſés devant, derriere & ſur les aîles; le Major commence l'Exercice.

OBSERVATION.

Chaque Fuſilier doit conſerver ſon terrain ſans que le talon gauche ſorte jamais de ſa place, le corps toûjours ferme & les jarrets tendus, de ſorte qu'il tourne aiſément dans tous les mouvemens de l'Exercice ſur le talon gauche, comme ſur un pivot.

COMMANDEMENT DE L'EXERCICE.

LE Major commence à faire faire l'Exercice de cette maniere, & dit à haute voix, parlant à la Troupe: SOLDATS ou FUSILIERS, PRENEZ GARDE A VOUS: PORTEZ BIEN VOS ARMES; ECOUTEZ LE COMMANDEMENT; SILENCE.

A DROITE, un temps. A DROITE, un temps. A DROITE, un temps. A DROITE, un temps.

Chaque à-droite, eſt de changer de face après une petite poſe, & de préſenter l'eſtomach où il préſentoit l'épaule droite, en tournant ſur le talon gauche ferme, remettant le talon droit ſur la même ligne, & à diſtance de la longueur d'une ſemelle l'un de l'autre.

VOYEZ L'ATTITUDE A.

A GAUCHE, un temps. A GAUCHE, un temps. A GAUCHE, un temps. A GAUCHE, un temps.

C'eſt également après une petite poſe de changer de face à chaque à-gauche, & de préſenter l'eſtomach où il préſentoit l'épaule gauche, poſant le talon droit en ligne droite & à diſtance d'une ſemelle, tournant le corps ſur le talon gauche, comme il eſt dit. *VOYEZ L'ATTITUDE* B.

DEMI-TOUR A DROITE, un temps.

C'eſt de changer de face & de préſenter le dos où il préſentoit l'eſtomach, en tournant vivement ſur le talon gauche ſans ſauter, les jarrets tendus, poſant le talon droit aiſément en ligne droite, & à pareille diſtance d'une ſemelle, ſans balancer le bras droit, & le Fuſil tenu ferme ſur l'épaule. *VOYEZ CETTE ATTITUDE* C.

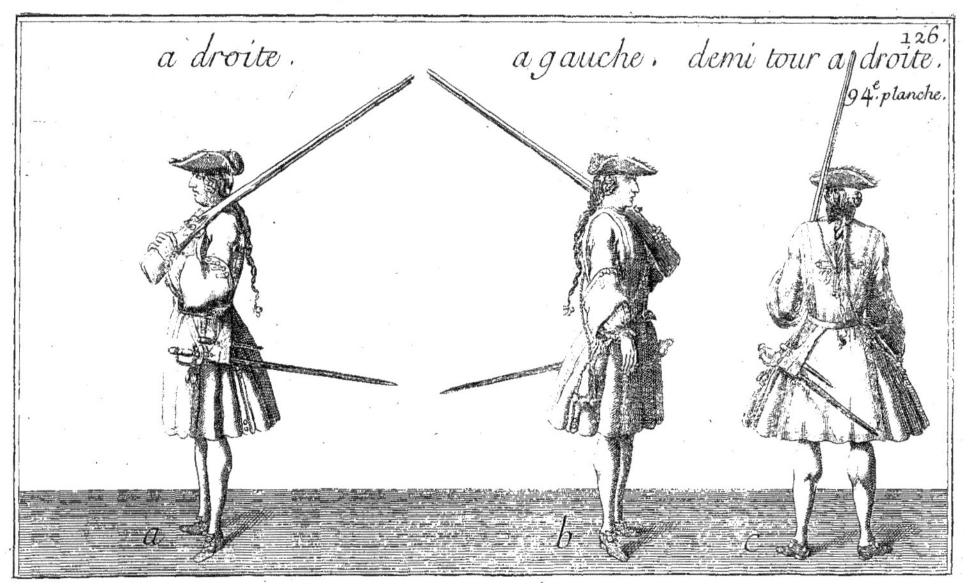
a droite.
a gauche. demi tour a droite.
126.
94e. planche.
a
b
c

127. Remettés vous.
95e. planche.
Joignés la main droite au fusil.
a
b

REMETTEZ-VOUS, un temps.

Le Fusilier se retourne en faisant demi-tour à gauche, pour se remettre dans la même face & dans la même Attitude qu'il étoit, le Fusil ferme sur l'épaule sans balancer.

VOYEZ L'ATTITUDE A.

DEMI-TOUR A GAUCHE, un temps.

C'est de changer également de face & de tourner le dos où il présentoit l'estomach, tournant sur le talon gauche, les jarrets tendus, le corps & le Fusil fermes.

VOYEZ LA PLANCHE page 126. C.

REMETTEZ-VOUS, un temps.

Le Fusilier se retourne en faisant un demi-tour à droite, pour se remettre dans la même face & Attitude qu'il étoit.

JOIGNEZ LA MAIN DROITE AU FUSIL, un temps.

C'est d'avancer un peu la crosse du Fusil en devant avec la main gauche, en tournant la platine en dessus, portant dans le même-temps la main droite au Fusil entre la platine & la crosse, les deux coudes élevés à la hauteur des épaules.

VOYEZ CETTE ATTITUDE B.

HAUT LE FUSIL, un temps.

C'eſt de quitter la main gauche & la baiſſer à côté de lui, en faiſant un à-droite, levant aiſément le Fuſil de la main droite, le bras tendu à la hauteur de la cravatte, la platine en face au dehors, le bout du canon haut & entre les deux yeux.

VOYEZ L'ATTITUDE DE CE PREMIER TEMPS. A.

PORTEZ LE FUSIL SUR LA MAIN GAUCHE, un temps.

C'eſt de baiſſer le canon du Fuſil dans la main gauche, qui eſt élevée à la hauteur de la ceinture de la culotte, tenant le Fuſil de cette main à deux doigts de la platine, les ongles en deſſus, le bras droit pendant de ſa longueur, la main tournée les ongles en deſſous, la platine en dehors, & le Fuſil écarté du corps autant qu'il eſt poſſible ſans être gêné, de façon que le bout du canon ſe trouve à la hauteur de l'œil ou de l'épaule gauche, ſuivant la hauteur du Fuſilier, & la croſſe à la hauteur de la cuiſſe.

VOYEZ L'ATTITUDE DEUXIE'ME. B.

FUSILIERS APRESTEZ VOS ARMES, un temps.

C'eſt de bander le chien avec le poulce de la main droite, ſoutenant le Fuſil de la main gauche, le bout du canon à la hauteur de l'œil, & tenu de la main droite derriere la platine.

haut le fusil
portés le fusil sur la main gauche
128.
96.e planche.
a
b

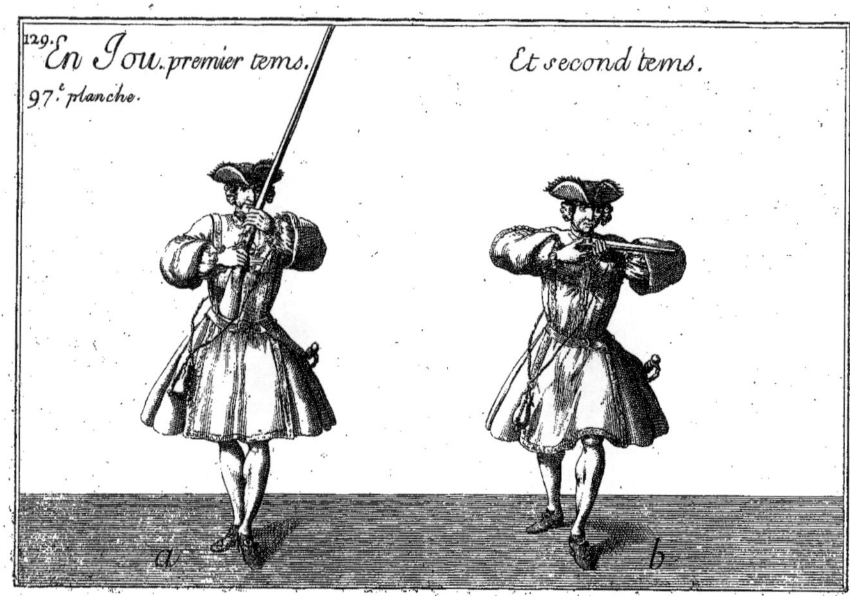
129.
En Jou. premier tems.
97.e planche.
Et second tems.
a
b

EN JOUE, deux temps.

LE PREMIER TEMPS.

C'eſt d'approcher le dedans du pied droit près du talon gauche, qui reſte toûjours ferme à la même place, l'eſtomach retourné en face où il préſentoit l'épaule gauche, en préſentant le Fuſil devant lui, le bout haut, les bras étendus, la main gauche à la hauteur de la cravatte, les ongles en deſſus, & la main droite à la hauteur du creux de l'eſtomach, les ongles en deſſous.

VOYEZ L'ATTITUDE DE CE PREMIER TEMPS. A.

LE DEUXIE'ME TEMPS.

Eſt, après une petite poſe, de baiſſer auſſi-tôt le bout du canon devant lui, la croſſe à égale hauteur, apuyée ſur la poitrine, les deux coudes élevés à la hauteur des épaules, & dans le même-temps écarter le pied droit du talon gauche de la longueur de deux ſemelles & demie, le jarret droit tendu, le dedans du pied regardant le talon gauche, avec le genou gauche plié & de droite ligne au deſſus du fort du pied.

VOYEZ CETTE ATTITUDE POUR LE DEUXIE'ME TEMPS. B.

TIREZ, un temps.

C'eſt de tirer la gachette avec le premier doigt de la main droite, tenant le Fuſil ferme contre lui, ſans branler ni tourner la tête, regardant l'ennemi en face.

Voyez, page 129. B.

RETIREZ VOS ARMES, un temps.

C'eſt de rabaiſſer les coudes en retirant les bras, & ſe remettre dans la même Attitude qu'il étoit avant de mettre en joüe le bout du canon à la hauteur de l'œil, & la croſſe à la hauteur de la cuiſſe.

Voyez, page 128. B.

REMETTEZ LE CHIEN EN SON REPOS, un temps.

C'eſt de retirer le chien avec la main droite & le remettre dans ſon repos, tenant le Fuſil de la main gauche, dans ſa même Attitude, & écarté du corps, puis repoſer la main droite entre la platine & la croſſe.

SOUFFLEZ SUR LE BASSINET, deux temps.

LE PREMIER TEMPS.

C'eſt de lever le Fuſil à la hauteur de la bouche, les deux coudes élevés à la hauteur des épaules, la main gauche tournée les ongles en deſſus, & la main droite les ongles en deſſous, & ſouffler ſec ſur le baſſinet.

VOYEZ L'ATTITUDE DU PREMIER TEMPS. A.

ET LE SECOND TEMPS.

Après avoir ſoufflé ſur le baſſinet, eſt de rabaiſſer le Fuſil écarté du corps, les deux bras pendans dans la même Attitude qu'il étoit.

VOYEZ LA FIGURE B.

130.

Soufflés sur le bassinet, premier tems. Et second tems.

98e. planche.

131.
Prenés le fourniment.
99e. planche.
amorcés.
a
b

ESSUYEZ LA PIERRE, un temps.

C'eſt de paſſer les doigts de la main droite ſur la pierre pour l'eſſuyer, puis reprendre le Fuſil de ladite main derriere la platine.

PRENEZ LE FOURNIMENT, un temps.

C'eſt de prendre de la main droite la poire ou fourniment, qui eſt à côté de lui, en l'éloignant du corps, & tenant le Fuſil de la main gauche dans ſa même Attitude.

VOYEZ L'ATTITUDE. A.

AMORCEZ, un temps.

C'eſt de tenir le Fuſil à plat ſur la main gauche, & d'emplir modérement de poudre le baſſinet, puis remettre le fourniment en ſon lieu.

VOYEZ CETTE ATTITUDE POUR AMORCER. B.

FERMEZ LE BASSINET, deux temps.

LE PREMIER TEMPS.

C'eſt de poſer la main droite ſur la batterie & de la rabaiſſer ſur le baſſinet.

ET LE SECOND TEMPS.

C'eſt de reprendre le Fuſil derriere la platine, en relevant le bout à la hauteur de l'œil, & abaiſſer la croſſe à la hauteur de la cuiſſe, & écarté du corps, les bras pendans.

PASSEZ LE FUSIL DU COSTE' DE L'EPE'E, deux temps.

LE PREMIER TEMPS.

C'eſt d'approcher le talon droit à côté du gauche, faiſant un premier à-gauche, les deux bras étendus, la main gauche élevée environ à la hauteur de la cravatte, les ongles en deſſus, & la droite à la hauteur du creux de l'eſtomach, les ongles en deſſous, préſentant le Fuſil devant lui, le bout haut.

VOYEZ L'ATTITUDE DE CE PREMIER TEMPS. A.

ET LE SECOND TEMPS.

Eſt, faiſant un ſecond à-gauche, de paſſer tout à fait le pied droit devant le pied gauche de la longueur d'une grande ſemelle, le talon vis-à-vis le milieu du pied gauche, le corps tourné en face où il préſentoit le dos, quittant dans le même-temps la main droite, du Fuſil, & la portant à un demi-pied du bout du canon, les ongles en deſſus, & la main gauche les ongles en deſſous, tenant le Fuſil au deſſus de la platine.

VOYEZ L'ATTITUDE DE CE SECOND TEMPS. B.

PRENEZ LA CARTOUCHE, un temps.

C'eſt de quitter le Fuſil de la main droite, le tenant de la main gauche dans ſa même Attitude, le bout à la hauteur de l'œil, & de prendre une cartouche dans le fourniment qui eſt à côté de lui, le bras droit tendu & écarté du corps à la hauteur de la ceinture.

Passés le fusil du costé de l'Epée premier tems.
Et second tems.
132.
100e planche.
a
b

133.
Dèchirés la cartouche. tirés la baguette. haut la baguette.
101e planche.
a
b
c

DECHIREZ LA CARTOUCHE, un temps.

C'eſt de porter la cartouche à la bouche, le coude élevé à la hauteur de l'épaule, & de la déchirer par le bout avec les dents, du côté de la poudre.

VOYEZ L'ATTITUDE A.

Ladite cartouche déchirée, étendre le bras, la tenant à diſtance d'un demi-pied du bout du canon.

METTEZ LA CARTOUCHE DANS LE CANON, un temps.

Le bras droit étant étendu à la hauteur de l'épaule, c'eſt de mettre la cartouche dans le canon, la poudre la premiere, & de reprendre le canon de la main droite à un demi-pied environ du bout, ou à quatre doigts, ſuivant la grandeur du Fuſilier.

TIREZ LA BAGUETTE en trois temps.

Tenant le Fuſil de la main gauche dans ſa même Attitude; c'eſt de tirer la baguette de ſon lieu avec la main droite tournée les ongles en deſſous, & étant tirée en trois temps, la tenir par le milieu, le bras étendu à la hauteur de l'épaule, toûjours les ongles en deſſous. Ladite baguette à plat, & le petit bout vis-à-vis l'œil droit.

VOYEZ L'ATTITUDE B.

HAUT LA BAGUETTE, un temps.

C'eſt de lever le petit bout de la baguette en haut & le gros bout en bas, toûjours tenuë par le milieu, le poulce apuyé deſſus, avec le bras tendu à la hauteur de l'épaule, comme il eſt dit.

VOYEZ L'ATTITUDE C

RACOURCISSEZ LA BAGUETTE, deux temps.

LE PREMIER TEMPS.

C'eſt d'apuyer le gros bout de la baguette ſur la hanche droite.

ET LE SECOND TEMPS.

Eſt de gliſſer la main à quatre doigts du gros bout de ladite baguette, les ongles en deſſus.

VOYEZ L'ATTITUDE DE CE SECOND TEMPS. A.

METTEZ LA BAGUETTE DANS LE CANON, deux temps.

LE PREMIER TEMPS.

C'eſt d'étendre le bras droit à la hauteur de l'épaule, tenant la baguette, le petit bout haut, avec le gros bout à diſtance de quatre doigts du canon.

ET LE SECOND TEMPS.

Eſt de mettre le gros bout dans le canon, les ongles en deſſus, & de laiſſer tomber la baguette dans ledit canon.

BOUREZ, un temps. BOUREZ, un temps. *Et* BOUREZ, le dernier temps.

C'eſt de retirer la baguette à chaque temps, les ongles en deſſus, après une petite poſe, & de la laiſſer retomber dans le canon, en apuyant la main.

VOYEZ L'ATTITUDE B.

RETIREZ LA BAGUETTE en trois temps.

C'eſt de tirer la baguette en trois temps du canon, les ongles en deſſous; & au troiſiéme temps, de la tenir à plat par le milieu, toûjours les ongles en deſſous, le bras étendu à la hauteur de l'épaule, le gros bout du côté & vis-à-vis l'œil droit.

Voyez page 133. B.

Racourcissés la baguette.
Bourées.
134
102e. planche
a
b

135.
Remettés la baguette en son lieu.
Prenés la bayonnette.
103e planche.
a
b

HAUT LA BAGUETTE, un temps.

C'eſt de lever en haut le gros bout de la baguette, le petit bout en en-bas, tenuë toûjours par le milieu, le pouce apuyé deſſus, & le bras étendu à la hauteur de l'épaule.

VOYEZ L'ATTITUDE C. *de la page* 133.

RACOURCISSEZ LA BAGUETTE, deux temps.

LE PREMIER TEMPS.

C'eſt d'apuyer le petit bout de la baguette ſur la hanche droite.

ET LE SECOND TEMPS.

Eſt de gliſſer la main à un demi-pied du petit bout, les ongles en deſſus.

VOYEZ L'ATTITUDE A. *de la page* 134.

REMETTEZ LA BAGUETTE EN SON LIEU, deux temps.

C'eſt d'étendre le bras tenant la baguette les ongles en deſſus, & de la gliſſer dans ſon lieu, puis reprendre le Fuſil de la main droite à un demi-pied du bout, les ongles en deſſus.

VOYEZ L'ATTITUDE A.

PRENEZ LA BAYONNETTE, un temps.

C'eſt de quitter la main droite du Fuſil, & de la porter à la bayonnette, qui eſt à ſon côté gauche, le Fuſil toûjours tenu de la main gauche dans la même Attitude.

VOYEZ L'ATTITUDE B.

HAUT LA BAYONNETTE, un temps.

C'eſt de tirer la bayonnette du foureau & d'étendre le bras à la hauteur de l'épaule, préſentant la bayonnette la pointe haute, la doüille à quatre doigts du bout du canon.

VOYEZ CETTE ATTITUDE A.

METTEZ LA BAYONNETTE AU BOUT DU FUSIL, un temps.

C'eſt de mettre la doüille de la bayonnette dans le bout du Fuſil, en la tournant de façon que le bouton de la viſiere du canon, ſoit entré dans l'ouverture de la doüille qui eſt en travers, puis reprendre le canon du Fuſil à un demi-pied du bout.

VOYEZ CETTE ATTITUDE B.

PRESENTEZ VOS ARMES, trois temps.

LE PREMIER TEMPS.

Eſt de quitter la main droite du bout du canon & de la porter au deſſous de la platine, en relevant le canon, le bout haut entre les yeux, les deux bras pendans de leur longueur, tenant le Fuſil écarté du corps.

LE SECOND TEMPS.

Eſt de faire un demi-tour à droite, quittant le Fuſil de la main gauche, étendant le bras droit en même-temps, & préſentant le Fuſil à la hauteur de la cravatte, la platine en dehors l'eſtomach tourné en face, où il préſentoit le dos.

ET LE TROISIE'ME TEMPS.

Eſt de poſer le canon du Fuſil dans la main gauche, les ongles en deſſus & à la hauteur de la ceinture de la culote, le tenant à deux doigts de la platine, les deux bras pendans de leur longueur, la main droite, les ongles en deſſous, la platine en dehors, & les pieds en ligne droite.

Voyez, page 128. B.

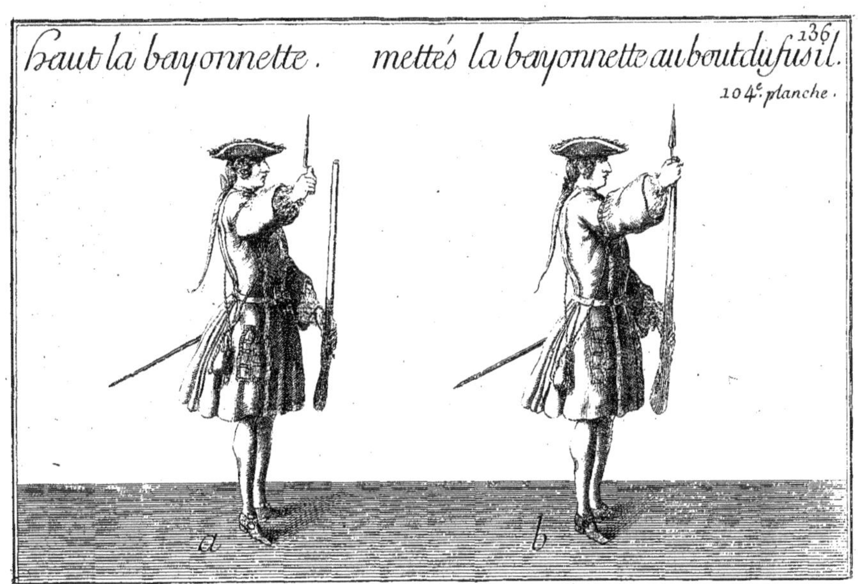
136
haut la bayonnette.
mettés la bayonnette au bout du fusil.
104e. planche.
a
b

137.
Adroite premier temps. Et Second temps.
105.e planche.
a
b

FUSILIERS APRESTEZ-VOUS, un temps.

C'est de bander le chien avec le poulce de la main droite, soutenant toûjours le Fusil de la main gauche dans sa même Attitude, le bout du canon à la hauteur de l'œil, puis reprendre le Fusil de la main droite derriere la platine.

Nota. *Cy pour mémoire.* On faisoit anciennement présenter trois fois la bayonnette à la Cavalerie.

A DROITE, deux temps. A DROITE, deux temps. A DROITE, deux temps. *Et* A DROITE, deux temps.

Ces quatre à-droite se font en deux temps chacun, la bayonnette étant au bout du Fusil.

LE PREMIER TEMPS.

Est de faire un à-droite à l'ordinaire, en tournant sur le talon gauche, approchant le dedans du pied droit, relevant le bout du canon entre les deux yeux, la crosse en en-bas, la main gauche à la hauteur de la ceinture de la culote, les bras pendans de leur longueur & le Fusil écarté du corps.

VOYEZ L'ATTITUDE DE CE PREMIER TEMPS. A.

LE SECOND TEMPS.

Est de rabaisser le bout du Fusil à la hauteur de l'œil, & la crosse à la hauteur de la cuisse, écartant dans le même-temps le dedans du pied droit du talon gauche de la longueur d'une grande semelle, & de droite ligne.

VOYEZ L'ATTITUDE DE CE SECOND TEMPS. B.

A GAUCHE, deux temps. A GAUCHE, deux temps. A GAUCHE, deux temps, *Et* A GAUCHE, deux temps, toûjours la bayonnette au bout du Fusil.

LE PREMIER TEMPS.

Est de tourner le corps à l'ordinaire sur le talon gauche, relevant le bout du Fusil, le canon entre les deux yeux, approchant le dedans du pied droit du talon gauche dans la même Attitude des à-droite.

Voyez page derniere 137. A.

LE SECOND TEMPS.

Est de rabaisser également le bout du canon à la hauteur de l'œil & la crosse à la hauteur de la cuisse droite, remettant le pied droit dans sa distance ordinaire, & à droite ligne du talon gauche. *Voyez page derniere* 137. B.

DEMI-TOUR A DROITE, deux temps.

LE PREMIER TEMPS.

C'est de tourner sur le talon gauche, & faire un demi-tour à droite, ferme, sans sauter, en relevant le bout du Fusil entre les deux yeux, approchant le dedans du pied droit du talon gauche, comme il est dit, & présenter l'estomach où il présentoit le dos.

VOYEZ L'ATTITUDE DE CE PREMIER TEMPS. A.

LE SECOND TEMPS.

Est de rabaisser le bout du canon à la hauteur de l'œil, en écartant le dedans du pied droit du talon gauche de la longueur d'une semelle en droite ligne, les bras pendans & le Fusil écarté du corps sans être gêné.

VOYEZ L'ATTITUDE DE CE SECOND TEMPS. B.

Demi tour a droite. premier tems. Et second tems.
138.
106e. planche.
a
b

REMETTEZ-VOUS, deux temps.

LE PREMIER TEMPS.

Eſt de faire demi-tour à gauche, relevant le bout du Fuſil, comme il eſt dit.

LE SECOND TEMPS.

Eſt de rabaiſſer le bout du Fuſil, écartant le pied droit du gauche également, en ſe remettant dans la même Attitude qu'il étoit.

DEMI-TOUR A GAUCHE, deux temps.

LE PREMIER TEMPS.

C'eſt de tourner de même ſur le talon gauche, & préſenter l'eſtomach où il préſentoit le dos, relevant le bout du Fuſil entre les yeux, & approchant le dedans du pied droit du talon gauche.

LE SECOND TEMPS.

Eſt de rabaiſſer le bout du Fuſil, en écartant le pied droit du gauche dans la même ligne, & à même diſtance d'une ſemelle.

Voyez, *page* 138.

REMETTEZ-VOUS, deux temps.

LE PREMIER TEMPS.

Eſt de faire demi-tour à droite, relevant le bout du Fuſil entre les deux yeux, approchant le dedans du pied droit du talon gauche.

ET LE SECOND TEMPS.

Eſt de rabaiſſer le bout du Fuſil en écartant le pied droit du gauche.

EN JOUE, deux temps.

LE PREMIER TEMPS.

C'eſt d'approcher le dedans du pied droit près du talon gauche en tournant l'eſtomach en face où il préſentoit l'épaule gauche, les deux bras étendus, la main gauche à la hauteur de la cravatte les ongles en deſſus & la main droite à la hauteur du creux de l'eſtomach, préſentant le Fuſil devant lui le bout haut.

ET LE SECOND TEMPS.

Eſt de baiſſer le bout du Fuſil devant lui, la croſſe à égale hauteur, apuyée ſur la poitrine, les deux coudes élevés à la hauteur des épaules, écartant dans le même-temps le pied droit du gauche de la longueur de deux ſemelles & demie, le jarret droit tendu le dedans du pied regardant le talon gauche, le genou gauche plié au deſſus du fort du pied.

Voyez pour les Attitudes de ces deux temps pour mettre en jouë, page 129. A. & B.

TIREZ, un temps.

C'eſt de tirer la gachette avec le premier doigt de la main droite, le Fuſil tenu ferme.

RETIREZ VOS ARMES, il n'eſt commandé qu'un temps, quoyqu'il y en ait trois.

LE PREMIER TEMPS.

Eſt de rabaiſſer les coudes en retirant les bras, ſe remettant dans la même Attitude qu'il étoit avant de mettre en jouë, le bout à la hauteur de l'œil & les bras pendans.

LE SECOND TEMPS.

Eſt de remettre le chien en ſon repos & de fermer le baſſinet.

ET LE TROISIE'ME TEMPS.

Eſt de repoſer la main droite ſur le Fuſil, entre la platine & la croſſe.

PASSEZ LE FUSIL DU COSTE' DE L'EPE'E, deux temps.

LE PREMIER TEMPS.

C'est d'approcher le talon droit à côté du gauche, faisant d'abord un à-gauche, l'estomach en face, les deux bras étendus, la main gauche élevée à la hauteur de la cravatte, les ongles en dessus, & la droite à la hauteur du creux de l'estomach, les ongles en dessous, présentant le Fusil devant lui le bout haut.

VOYEZ CE PREMIER TEMPS, *page* 132. A.

LE SECOND TEMPS.

Est de faire un second à-gauche après une petite pose du premier temps, en passant aussi-tôt le pied droit devant le pied gauche de la longueur d'une semelle & demie, le talon vis-à-vis le milieu du pied gauche, de sorte qu'il présente l'estomach où il présentoit le dos, en quittant dans le même-temps la main droite du Fusil & la portant à un demi-pied du bout du canon, les ongles en dessus, & la main gauche les ongles en dessous, tenant le Fusil à deux doigts de la platine. *VOYEZ CE SECOND TEMPS*, *page* 132. B.

PRENEZ LA BAYONNETTE, un temps.

C'est de quitter le Fusil de la main droite, & de détourner la doüille de la bayonnette, puis l'ayant ôtée du canon, étendre le bras, la présentant la pointe haute à la hauteur de l'épaule.

VOYEZ CE TEMPS, *page* 135. B.

METTEZ LA BAYONNETTE EN SON LIEU, deux temps.

LE PREMIER TEMPS.

C'est de plier le bras droit en l'abaissant pour remettre la bayonnette en son lieu.

VOYEZ CE PREMIER TEMPS, *page* 135. B.

LE SECOND TEMPS.

Est de reporter la main droite à un demi-pied du bout du Fusil.

JOIGNEZ LA MAIN DROITE AU FUSIL, un temps.

C'eſt de quitter la main droite du bout du Fuſil & de la porter ſous la platine, en relevant le bout du canon haut entre les deux yeux, les deux bras pendans de leur longueur, tenant le Fuſil écarté du corps. *Voyez page* 127. B.

PORTEZ VOS ARMES, trois temps.

LE PREMIER TEMPS.

C'eſt de faire un à-droite en tournant ſur le talon gauche, quittant le Fuſil de la main gauche, étendant en même-temps le bras droit, & préſenter le Fuſil à la hauteur de la cravatte, la platine en dehors, l'eſtomach tourné en face où il préſentoit l'épaule droite.

LE SECOND TEMPS.

Eſt de poſer le Fuſil ſur l'épaule gauche, la platine en deſſus, joignant dans le même-temps la main gauche à quatre doigts du bout de la croſſe, les deux coudes élevés à la hauteur des épaules.

ET LE TROISIE'ME TEMPS.

Eſt de quitter le Fuſil de la main droite en la baiſſant à côté de lui d'un air aiſé, relevant le chien en deſſus de la main gauche, & abaiſſant le coude dans la même Attitude qu'il eſt dit.

Voyez page premiere du préſent Exercice du Fuſil, folio 123.

143.
Posés vous sur vos armes le 4e. tems. posés vos armes aterre. 2e. tems. et 4e. tems.
107e. planche.
a
b
c

POSEZ-VOUS SUR VOS ARMES, quatre temps.

Le I. Temps, c'est d'avancer un peu la crosse du Fusil en devant avec la main gauche, en tournant la platine en dessus, portant dans le même-temps la main droite entre la platine & la crosse, de laquelle il prend le Fusil, les deux coudes élevés à la hauteur des épaules.

Le II. Temps, est de quitter la main gauche & lever aisément le Fusil de la main droite à la hauteur de la cravatte, le bras étendu, la platine en face au dehors, le bout du canon haut & la crosse pendante.

Le III. Temps, est de baisser le bras droit à la hauteur de la ceinture de la culotte, le Fusil écarté du corps, le bout haut, en portant la main gauche à la hauteur du front, & prenant le bout du Fusil.

Et le IV. Temps, est de quitter la main droite en baissant la gauche, puis reprendre de la main droite le bout du canon au dessus de la main gauche, & laisser tomber la crosse du Fusil à terre, la platine en dehors, les deux mains à la hauteur de la cravatte, & les deux coudes élevés à la hauteur des épaules. *VOYEZ L'ATTITUDE DU FUSILIER POSÉ SUR SES ARMES* A.

POSEZ VOS ARMES A TERRE, quatre temps.

Le I. Temps, c'est de tourner la platine en dedans, levant le Fusil de la main droite par le bout, étendant le bras au dessus de la tête, & glissant la main gauche le long du canon, le bras pendant.

Le II. Temps, est de porter la main droite entre la platine & la crosse, les bras pendans, tenans le Fusil écarté du corps, présentant de même-temps le Fusil à la hauteur de la cravatte, la platine en dedans, les bras étendus, les coudes à la hauteur des épaules.

VOYEZ L'ATTITUDE DE CE SECOND TEMPS. B.

Le III. Temps, est de baisser le corps en ne pliant que de la ceinture, les bras étendus sans plier les jarrets & poser le Fusil à terre, le bout droit devant, la platine en dessus & entre les deux talons de ligne droite. *Voyez page* 144. B.

Et le IV. Temps, est de se relever aisément, les jarrets tendus & les bras pendans à côté de lui. *VOYEZ L'ATTITUDE* C.

OBSERVATION.

Les Armes étant posées à terre, & que l'on veut récréer quelques personnes de consideration, on fait courir la Troupe l'Epée à la main, lui faisant faire demi-tour à droite en tirant l'Epée du foureau; ce qui se nomme courir à la paille, & la Troupe étant revenuë à ses Armes, à l'avertissement des Tambours qui rappellent sur leur Caisses, elle remet l'Epée dans le foureau : chaque Fusilier étant remis dans la même Attitude qu'il étoit avant de courir à la paille, les bras pendans à côté de lui d'un air aisé & les talons en droite ligne, écoute le commandement.

REPRENEZ VOS ARMES, quatre temps.

LE PREMIER TEMPS.

Est de faire un mouvement des deux mains, tournant les poignets en dehors, les doigts & les bras pendans à côté de lui. *VOYEZ L'ATTITUDE DE CE PREMIER TEMPS.* A.

LE SECOND TEMPS.

Est de baisser le corps ne pliant que de la ceinture, les bras pendans & étendus de leur longueur, les jarrets fermes, prenant le Fusil de la main droite derriere le chien, & de la main gauche au dessus de la platine, puis se relever tenant le Fusil écarté du corps, les bras pendans.

VOYEZ L'ATTITUDE DE CE SECOND TEMPS. B.

LE TROISIE'ME TEMPS.

Est de lever la main droite à la hauteur de la tête, prenant le bout du canon, & retourner la platine en dehors, le bras étendu. *VOYEZ L'ATTITUDE DE CE TROISIE'ME TEMPS.* C.

ET LE QUATRIE'ME TEMPS.

Est de baisser la main droite tenant le bout du canon, & de glisser dans le même-temps la main gauche près de la main droite, laissant tomber le bout de la crosse à terre, la platine en dehors, les deux mains tenant le bout du Fusil à la hauteur de la cravatte, les coudes élevés à la hauteur des épaules. *Voyez page derniere* 143. A.

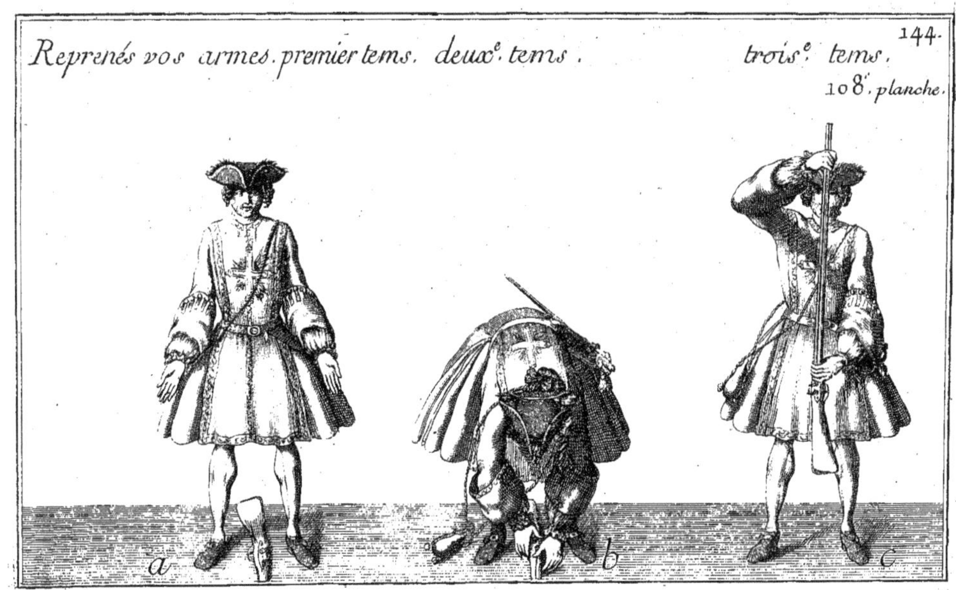
Reprenés vos armes. premier tems. deuxe. tems. troise. tems.
144.
108e. planche.
a
b
c

145.
Reposés vous sur vos armes premiertems. Et second tems.
109e. planche.
a
b

PRESENTEZ VOS ARMES, deux temps.

LE PREMIER TEMPS.

Eſt de lever la main droite au deſſus de la tête, tenant le bout du Fuſil, en étendant le bras, & de gliſſer la main gauche le long du canon près de la platine, le bras pendant.

ET LE SECOND TEMPS.

Eſt de porter la main droite derriere le chien, les ongles en deſſous, faiſant dans le même-temps un à-droite, les deux bras pendans de leur longueur, tenant le Fuſil écarté du corps, la main gauche les ongles en deſſus, le bout du canon à la hauteur de l'œil, & la croſſe à la hauteur de la cuiſſe droite.

Voyez l'Attitude B. *page* 128.

REPOSEZ-VOUS SUR VOS ARMES, deux temps.

LE PREMIER TEMPS.

Eſt de faire un à-gauche, relevant le canon droit entre les deux yeux, de la main gauche, qui doit néanmois reſter pendante, & de prendre dans le même-temps de la main droite au deſſus de la tête, le canon, à un demi-pied du bout, en préſentant l'eſtomach où il préſentoit l'épaule gauche.

VOYEZ L'ATTITUDE DE CE PREMIER TEMPS. A.

ET LE SECOND TEMPS.

Eſt d'abaiſſer la main droite, tenant toûjours le bout du Fuſil en gliſſant la main gauche le long du canon, la relevant contre la main droite, & laiſſer tomber le bout de la croſſe à terre auſſi-tôt, la platine en dehors, les mains à la hauteur de la cravatte, & les coudes élevés à la hauteur des épaules.

VOYEZ CETTE ATTITUDE POUR LE DEUXIE'ME TEMPS. B.

PORTEZ VOS ARMES SUR LE BRAS, quatre temps.

LE PREMIER TEMPS.

Est de lever le Fusil de la main droite par le bout du canon au dessus de la tête en étendant le bras, & glissant en en-bas la main gauche le long du canon au dessus de la platine, le bras pendant. *VOYEZ L'ATTITUDE DE CE PREMIER TEMPS.* A.

LE SECOND TEMPS.

Est de porter la main droite derriere le chien, les deux bras pendans, & le Fusil écarté du corps. *Voyez l'Attitude de ce second temps.* A. *page* 148.

LE TROISIE'ME TEMPS.

Est de quitter la main gauche, & lever le Fusil de la main droite à la hauteur de la cravatte, le bras étendu, le bout du canon haut avec le platine en dehors. *Voyez* A. *page* 148.

ET LE QUATRIE'ME TEMPS.

Est de porter le canon du Fusil sur le pliant du bras gauche, le bout en dehors de l'épaule, la platine également en dehors, le chien en dessus, & la sous-gacherte dans la main gauche, avec la main droite tenant toûjours le Fusil entre la platine & la crosse, les ongles en dessous.

VOYEZ L'ATTITUDE DE CE QUATRIE'ME TEMPS. B.

PORTEZ VOS ARMES, trois temps.

Le I. Temps, est de lever le Fusil de la main droite à la hauteur de la cravatte, le bras étendu, le bout du canon haut & la platine en dehors, la main gauche pendante à côté de lui. *Voyez* A. *pag.* 128.

Le II. Temps, est de poser le Fusil sur l'épaule, la platine en dessus, en joignant la main gauche à quatre doigts du bout de la crosse, & les deux coudes élevés à la hauteur des épaules. *Voyez* B. *p.* 127.

Et le III. Temps, est en abaissant le coude gauche, de relever le chien en dessus, & de quitter en même-temps la main droite du Fusil, en l'abaissant à côté de lui d'un air aisé.

Voyez l'Attitude, page 123.

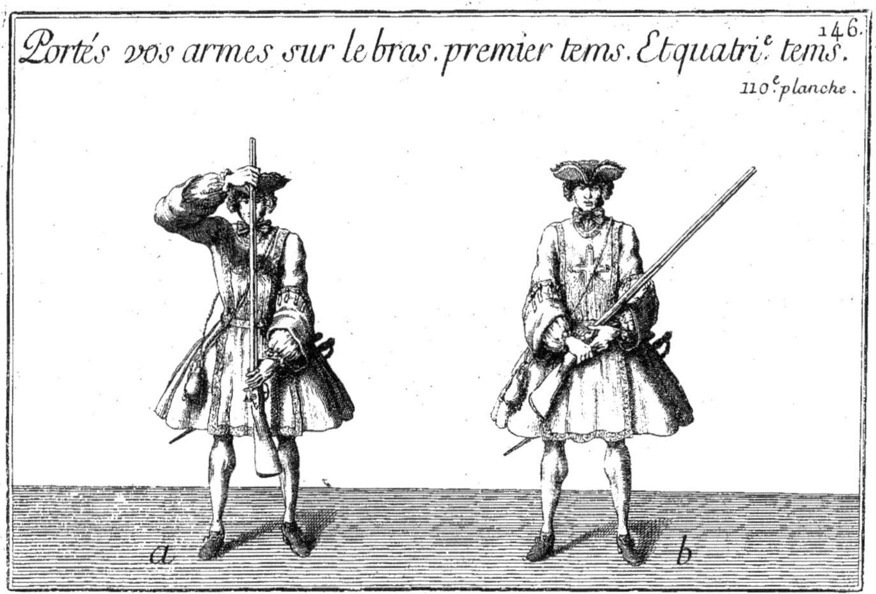
Portés vos armes sur le bras. premier tems. Et quatri.e tems.
146.
110.e planche.
a
b

PRESENTEZ VOS ARMES, trois temps.

Le I. Temps, c'est d'avancer un peu en avant la crosse du Fusil avec la main gauche, tournant la platine en dessus, & portant en même-temps la main droite derriere le chien, les deux coudes élevés à la hauteur des épaules.

Le II. Temps, est de faire un à-droite en quittant le Fusil de la main gauche, & le levant de la main droite à la hauteur de la cravatte, le bras étendu avec la platine en dehors.

Et le III. Temps, est de poser le Fusil dans la main gauche élevée à la hauteur de la ceinture de la culotte, le ongles en dessus, tenant le canon près de la platine, le bras droit pendant de sa longueur, la main tournée les ongles en dessous, la platine en dehors & écartée du corps, le bout du canon à la hauteur de l'œil, & la crosse à la hauteur de la cuisse.

Voyez page 128.

PORTEZ VOS ARMES, trois temps.

Le I. Temps, c'est de quitter le Fusil de la main gauche & de l'élever de la main droite à la hauteur de la cravatte, le bras étendu, le bout haut & la platine en dehors.

Le II. Temps, est de faire un à-gauche, posant le Fusil sur l'épaule gauche, la platine en dessus, portant dans le même-temps la main gauche à quatre doigts du bout de la crosse, les deux coudes élevés à la hauteur des épaules.

Et le III. Temps, est de baisser le coude gauche, relevant le chien en dessus, en quittant aussi-tôt la main droite & la baisser à côté de lui.

Voyez cette Attitude, page 123.

REPOSEZ-VOUS SUR VOS ARMES, quatre temps.

Voyez les quatre Temps de posez-vous sur vos Armes, page 143.

Et, enfin, FUSIL SUR L'EPAULE, cinq temps.

Le I. Temps, eſt de lever le Fuſil de la main droite au deſſus de la tête par le bout du canon, le bras étendu en gliſſant la main gauche près du baſſinet. *Voyez* A. *page* 146.

Le II. Temps, eſt de porter la main droite deſſous la platine, les deux bras pendans, le Fuſil écarté du corps. *VOYEZ L'ATTITUDE DE CE SECOND TEMPS.* A.

Le III. Temps, eſt de quitter la main gauche, & lever le Fuſil de la main droite à la hauteur de la cravatte, le bras tendu, le bout du canon haut avec la platine en dehors. *Voyez* B. *page* 143.

Le IV. Temps, eſt de poſer le Fuſil ſur l'épaule gauche, la platine en deſſus en joignant la main gauche à quatre doigts du bout de la croſſe, les deux coudes élevés à la hauteur des épaules.

Voyez l'Attitude B. *page* 127.

Et le V. Temps, eſt d'abaiſſer les coudes en relevant le chien en deſſus, & de quitter dans le même-temps la main droite, du Fuſil, en la baiſſant à côté de lui. *Voyez* A. *page* 127.

ET L'ATTITUDE B. *DU FUSIL SUR L'EPAULE DE CE CINQUIE'ME TEMPS.*

FIN de l'Exercice du Fuſil.

L'Exercice du Fuſil achevé, le Major commande aux Tambours de rappeller ſur leur Caiſſe, & à l'inſtant M^rs les Officiers repaſſent avec les Drapeaux à la tête de la Troupe au travers des intervales, & étant repaſſés à la tête du Bataillon, & les Sergens diſperſés, les Tambours ceſſent de battre ſur leur Caiſſe, dans le même-temps le Major fait faire à droite ou à gauche, ſuivant la commodité du terrain pour faire reſſerrer la Troupe à la pointe de l'Epée; pour cet effet il dit à haute voix : A DROITE ou A GAUCHE; SERREZ VOS FILES A LA POINTE DE L'EPE'E. Puis il dit : MARCHE. La Troupe étant approchée, le Major dit : ALTE. Puis dit : REMETTEZ-VOUS. Et les Sergens ayant bien alligné les rangs & les files, le Major ordonne de marcher ſuivant les ordres du Commandant ſur telle hauteur qu'on juge à propos pour faire les quarts de converſion convenables au terrein.

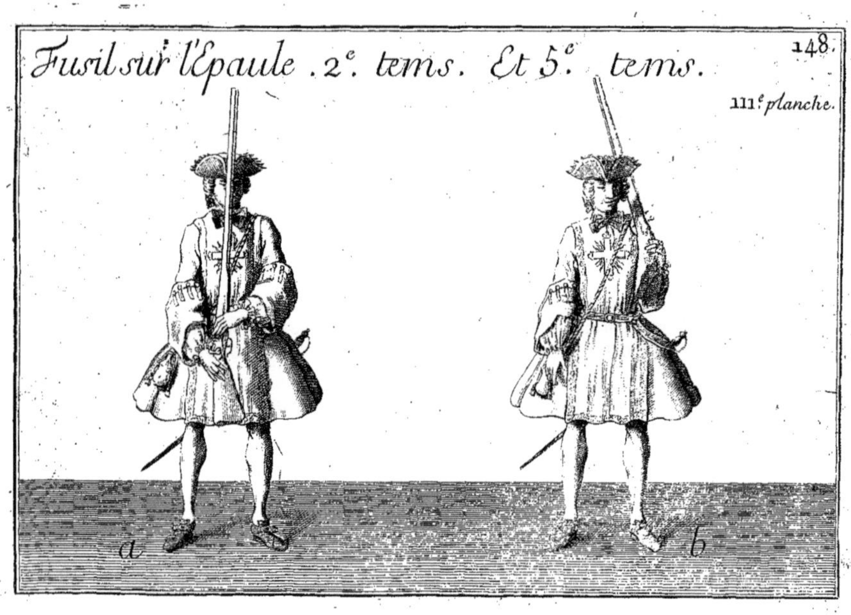
Fusil sur l'Epaule . 2e. tems . Et 5e. tems .
148.
111e planche.
a
b

EXERCICE DU FUSIL A LA GRENADIERE,

TEL QU'IL EST USITÉ PAR LES GRENADIERS DES TROUPES DE FRANCE.

PREMIEREMENT.

A OBSERVER.

U'ON ne se sert ordinairement des Grenades que pour deffendre ou pour attaquer les Fortifications, lorsque les approches sont faites de part ou d'autre, de sorte que pour avoir aisément le maniement des Armes & de la Grenade, il faut un Exercice.

EXERCICE DE LA GRENADIERE.

LE Commandant parle à haute voix, & dit, parlant aux Grenadiers : GRENADIERS, PRENEZ GARDE A VOUS, ECOUTEZ LE COMMANDEMENT.

JOIGNEZ LA MAIN DROITE AU FUSIL, un temps.

C'est d'avancer de la main gauche un peu la crosse du Fusil en devant, tournant la platine en dessus, portant dans le même-temps la main droite au Fusil entre la crosse & la platine, les deux coudes élevés à la hauteur des épaules. *Voyez l'Attitude* B. *page* 127.

HAUT LE FUSIL, un temps.

C'eſt de quitter la main gauche en la baiſſant à côté de lui, levant aiſément le Fuſil de la main droite ſeule, le bras tendu à la hauteur de la cravatte, la platine en face au dehors & le bout du canon haut.

Voyez l'Attitude A. *page* 128.

PRENEZ LA GRENADIERE, un temps.

Eſt de prendre de la main gauche la bandoliere du Fuſil, nommée Grenadiere, ayant les deux bras étendus à la hauteur de la cravatte, & écartant ladite bandoliere du canon du Fuſil avec la main gauche, de toute ſa largeur.

VOYEZ LA FIGURE DE CETTE ATTITUDE. A.

PASSEZ LE FUSIL EN BANDOLIERE, un temps.

Eſt de racourcir les deux bras & d'approcher la main gauche à côté de l'oreille gauche, tenant la Grenadiere, & la main droite près de l'aiſſelle droite, tenant le Fuſil derriere le chien, comme il eſt dit; paſſant dans le même-temps la tête dans la bandoliere avec le bras droit, & quitter auſſi-tôt la main droite du Fuſil, le laiſſant pendre derriere lui en ligne tranſverſalle, ou autrement dit en bandoliere, le bout du canon haut derriere l'épaule gauche, & la croſſe pendante derriere la cuiſſe droite, les bras pendans.

VOYEZ LA FIGURE B.

150.
Prenés la Grenadiere.
Passés le fusil en bandoüliere
112e planche.
a
b

151.
Prenés la grenade. haut la grenade. haut la Meche.
113e. planche.
a
b
c

PRENEZ LA GRENADE, un temps.

C'eſt de faire un à-droite à l'ordinaire, le corps & les jarrets fermes, & de prendre de la main droite une Grenade dans la poche de la juberne, qui eſt pendante à ſon côté droit.

VOYEZ L'ATTITUDE A.

HAUT LA GRENADE, un temps.

C'eſt d'étendre le bras droit à la hauteur de l'épaule, tenant la Grenade, l'ampoulette en deſſus.

VOYEZ LA FIGURE DE CETTE ATTITUDE. B.

PRENEZ LA MECHE, un temps.

C'eſt de prendre de la main gauche la mêche qui eſt allumée & attachée au porte mêche, tenant à la bandoliere de la juberne.

HAUT LA MECHE, un temps.

C'eſt d'étendre le bras gauche tenant la mêche à la hauteur de l'épaule, formant une croix, avec le bras droit tenant la Grenade.

VOYEZ L'ATTITUDE C.

DECOEFFEZ L'AMPOULLETTE, deux temps.

LE PREMIER TEMPS.

Eſt de plier le bras droit & de porter l'ampoullette de la Grenade à la bouche & de la décoëffer avec les dents, le coude élevé à la hauteur de l'épaule.

VOYEZ L'ATTITUDE DE CE PREMIER TEMPS. A.

LE SECOND TEMPS.

Eſt, l'ampoullette décoëffée, d'étendre le bras dans ſa même Attitude, & à la hauteur de l'épaule.

Voyez pour l'Attitude de ce ſecond temps B. *page* 151.

SOUFFLEZ LA MECHE, deux temps.

LE PREMIER TEMPS.

Eſt de plier le bras gauche & d'approcher le bout de la mêche allumée près de la bouche, le coude élevé à la hauteur de l'épaule, ſoufflant ſec ſur le feu de la mêche.

VOYEZ LA FIGURE DE CE PREMIER TEMPS. B.

LE SECOND TEMPS.

Eſt après avoir ſoufflé ſur le feu, d'étendre le bras dans ſa même Attitude, & à pareille hauteur de l'épaule.

Voyez cette Attitude B. *page* 151.

FEU A LA GRENADE, voyez page ſuivante.

152.
Decoëffés l'ampoulette. le premier tems.
Soufflés la méche. p.er tems.
114.e planche.
a
b

153.
Feu a la Grenade
Jettés la Grenade.
115e. planche.
a
b

FEU A LA GRENADE, un-temps.

C'est de baisser le corps du côté droit en pliant de la ceinture, écartant dans le même-temps le talon droit du talon gauche, de la longueur d'une grande semelle, pliant un peu le jarret droit, & le jarret gauche tendu avec les deux bras pendans de leur longueur, tenant la Grenade écartée sans être gêné, & poser le feu de la mêche sur la fusée de la Grenade tenuë de la main droite.

VOYEZ LA FIGURE DE CETTE ATTITUDE. A.

JETTEZ LA GRENADE, un temps.

Est dans le même-temps que le feu est pris à la fusée, de jetter la Grenade de toutes ses forces, relevant le corps en étendant le bras droit, & faisant un à-gauche, remettant les deux talons sur la même ligne, & écartés l'un de l'autre de la longueur d'une semelle, ayant les deux bras pendans à côté de lui.

VOYEZ LA FIGURE DE CETTE ATTITUDE. B.

REMETTEZ LA MECHE EN SON LIEU, deux temps.

LE PREMIER TEMPS.

Eſt de remettre la mêche au porte mêche attaché à la bandoliere de la juberne.

ET LE SECOND TEMPS.

Eſt de rabaiſſer les bras à côté de lui. *Voyez l'Attitude* B. *page* 150.

REPRENEZ VOS ARMES, deux temps.

LE PREMIER TEMPS.

Eſt de repaſſer le bras droit de la Grenadiere, prenant le Fuſil de la main droite derriere le chien, & la bandoliere du Fuſil de la main gauche près de l'épaule gauche, repaſſant la tête dans le même-temps, en quittant la bandoliere de ladite main gauche, préſentant le Fuſil de la main droite ſeule, à la hauteur de la cravatte, le bout du canon haut, la platine en dehors & le bras tendu.

Voyez l'Attitude de ce premier Temps, page 128. A.

ET LE SECOND TEMPS.

Eſt de faire un à-droite en poſant le Fuſil dans la main gauche tournée les ongles en deſſus, que le bout du canon ſoit à la hauteur de l'œil gauche, les bras pendans de leur longueur, & la main droite tournée les ongles en deſſous, tenant le Fuſil derriere le chien.

Voyez l'Attitude de ce ſecond Temps, page 128. B.

APRESTEZ VOS ARMES, un temps.

C'eſt de bander le chien avec le poulce de la main droite, ſoutenant le Fuſil de la main gauche dans ſa même Attitude, le bout du canon à la hauteur de l'œil, puis reprendre le Fuſil de la main droite derriere la platine.

EN JOUE, deux temps.

LE PREMIER TEMPS.

C'eſt d'approcher le dedans du pied droit du talon gauche, qui reſte ferme à la même place, l'eſtomach tourné en face où il préſentoit l'épaule gauche, préſentant le Fuſil devant lui, le bout haut, les bras étendus, la main à la hauteur de la cravatte, les ongles en deſſus, & la main droite à la hauteur du creux de l'eſtomach les ongles en deſſous.

Voyez cette Attitude, page 129. A.

ET LE SECOND TEMPS.

Eſt après une petite poſe, de baiſſer le bout du Fuſil devant lui, la croſſe à égale hauteur & apuyée ſur la poitrine, les deux coudes élevés à la hauteur des épaules, écartant dans le même-temps le pied droit du talon gauche de la longueur de deux ſemelles & demie, le jarret droit tendu, le dedans du pied regardant le talon gauche avec le jarret gauche plié, que le genou ſoit au deſſus du fort du pied.

Voyez cette Attitude, page 129. B.

TIREZ, un temps.

C'eſt de tirer la gachette avec le premier doigt de la main droite, le Fuſil tenu ferme contre lui ſans branler ni tourner la tête, regardant l'ennemi en face. *Voyez, page* 129. B.

RETIREZ VOS ARMES, trois temps, quoyqu'il n'en ſoit commandé qu'un.

LE PREMIER TEMPS.

C'eſt de rabaiſſer les coudes en retirant les bras, ſe remettant dans la même Attitude qu'il étoit avant de mettre en jouë, le bout du canon à la hauteur de l'œil & la croſſe à la hauteur de la cuiſſe. *Voyez, page* 128. B.

LE SECOND TEMPS.

Eſt de remettre le chien en ſon repos & fermer le baſſinet, comme il eſt dit.

ET LE TROISIE'ME TEMPS.

Eſt de repoſer la main droite ſur le Fuſil derriere la platine. *Voyez, pages* 128. & 140.

FUSIL SUR L'EPAULE, trois temps.

Le I. Temps, eſt de quitter le Fuſil de la main gauche & de l'élever de la main droite ſeule à la hauteur de la cravatte, le bras étendu, le bout haut & la platine en dehors.

Le II. Temps, eſt de faire un à-gauche, poſant le Fuſil ſur l'épaule gauche, la platine en deſſus, joignant la main gauche à quatre droigts du bout de la croſſe, & les deux coudes élevés à la hauteur des épaules.

Et le III. Temps, eſt d'abaiſſer les deux coudes en relevant le chien en deſſus de la main gauche, & quitter dans le même-temps la main droite du Fuſil pour l'abaiſſer à côté de lui. *V. p.* 123.

FIN DE L'EXERCICE DU FUSIL A LA GRENADIERE.

Enſuite ſe font les quarts de converſion.

VOYEZ LA FIGURE D'UN SERGENT DES GRENADIERS recevant l'Ordre du Major.

FIN DU PRESENT LIVRE D'ARMES.

Sergent des Grenadiers recevant l'ordre du major. 156.

116.e planche.

TABLE DES MATIERES

CONTENUES DANS CE TRAITE' DES ARMES DE L'EPE'E de pointe seule; Salut d'Esponton & de l'Exercice du Fusil, tels qu'ils se pratiquent aujourd'hui dans l'Art Militaire.

PREMIERE PARTIE DES ARMES DE L'EPE'E DE POINTE SEULE.

SUITE DE LA TABLE.

CHAPITRE DES PARADES EN GENERAL.

DEUXIE'ME PARTIE DES ARMES DE L'EPE'E DE POINTE SEULE.

SUITE DE LA TABLE.

TROISIE'ME ET DERNIERE PARTIE DES ARMES DE L'EPE'E DE POINTE SEULE.

SUITE DE LA TABLE.

SUITE DE LA TABLE.

X

SUITE DE LA TABLE.

FIN DE LA TABLE.

ERRATA.

Page 10. à la derniere ligne, *lisez* ôtant, au lieu du mot, tant.
Page 24. à la quatriéme ligne, *lisez* la, au lieu de lire, a.
Page 29. à la derniere ligne, *lisez... Voyez les Figures de la maniere d'entrer en mesure*, 3. & 4.
Page 35. à la quatriéme ligne, après le Texte, *lisez* dehors les Armes, au lieu de, au dehors des Armes.
Page 50. à la troisiéme ligne du Texte, *lisez* dessus les Armes, au lieu de, dessous les Armes.
Page 54. à la premiere ligne après le Texte, *lisez* je fais faire un appel le long de la lame ennemie frapant du pied droit.
Page 58. à la deuxiéme ligne du second Texte, *lisez* avec parade de prime.
Page 92. *Nota*, Cette page est cottée *62*. au lieu de, 92.
Page 111. à la deuxiéme ligne après le Texte, *lisez* droits, au lieu de, droite.
Page 120. *lisez* marchant, au lieu de, marcahant, à la premiere ligne du premier Texte.
Idem. A la cinquiéme ligne après le Texte, *lisez* air, au lieu de iar.
Page 126. à la premiere ligne après le Texte, *lisez* le Major ou autre Officier preposé.
Idem. A la seconde ligne, *lisez* Mousquetaires, Soldats ou Fusiliers.
Page 134. à la dixiéme ligne, *lisez* & bourez, un temps, au lieu de lire, le dernier temps.
Page 141. à l'avant dernier renvoy, *lisez* page 136. A. au lieu de, page 135. B.
Page 142. à la troisiéme ligne après le Texte, *suprimez*.... *Voyez page* 127. B.

www.ingramcontent.com/pod-product-compliance
Ingram Content Group UK Ltd.
Pitfield, Milton Keynes, MK11 3LW, UK
UKHW020313230726
13925UKWH00002B/379

9 782013 616744